フツーの人が

YouTube登録者数1万人を突破する秘訣

いとう めぐみ

ビジネスYouTuberの始め方

ぱる出版

はじめに

★本書はYouTubeをビジネス活用したい人が「始めの1歩」を踏み出すための本です

はじめまして、この本を書かせていただきました、いとうめぐみと申します。

本書はわたしが運営していたピラティスのYouTubeチャンネル「ピラティスちゃんねる」で、登録者数1万人を達成させるにあたって行ってきた施策についてお話しししています。

かつてわたしは、YouTubeで登録者数1万人を達成させることは、結果論でしかなく、再現性がないものだと思っていました。

「やりながらいろんなことを試した。そして結果的に稼げた」

これがすべてだと思っていたのです。

実際、これは半分事実だと思っています。

わたしは過去にアフィリエイターとして広告収入を得ることをしていましたが、どれもこれも振り返ってみるとたくさんの試みを実践してきた、その結果、運良く当たったものであり、アクセスが伸びた、そして稼げただけなのだと考えていたのです。


しかし、後になって考えると、わたしがアフィリエイトで稼げたのも、YouTubeで無理なく1万人の登録者数を達成できたのも、やるべき「必須ポイントを外していなかった」からであることに気がつきました。

そのポイントとは、わたしにとっては当たり前だと思って実践していたことでしたが、実は当たり前のようで当たり前ではなかったということを、その後「教える側に立つ」ことによって気がついたのです。

なので本書は、そのことをわたしに気づかせてくれた人たちがいたからこそ書くことができたのです。

そこで、まず最初に、未熟だったわたしに「教えて欲しい」と言ってくれた人、YouTubeに関する様々な疑問をぶつけてくれた人たちに感謝の気持ちを伝えたいと思います。

そして、その気持ちに応えるためにも、本書では、わたしが実践してきたことを忠実にお伝えしていきます。

本書ではYouTubeをビジネス活用したいけど、どこから始めたらいいか分からないと思っている未経験者・初心者の方が、1歩踏み出せるように、そして1万人という、まず最初の小さな山に到達できるように、というコンセプトで書いています。

そのため、既にYouTubeに取り組んでいて何本も動画をアップしている人や、登録者数100万人を目指したい！　という大きな山を目指している方には物足りないかもしれません。

ですが、本書はこれからYouTubeを始めたいと思っている方が、遠回りすることなく、無理なく無駄なく確実にステップアップしていくためにはとても有効的な内容になっているものと確信しています。

ぜひ本書が提示する方法を参考にしながら、焦らずにYouTube配信に自分のペースで取り組んでいただけたらと思います。

令和2年6月

いとうめぐみ

企画協力▼株式会社天才工場 吉田 浩
カバーデザイン▼EBranch 冨澤 崇
図版作成▼原 一孝
レイアウト▼Bird's Eye

フツーの人が YouTube 登録者数 1万人を突破する秘訣

もくじ

Part 1

これからYouTubeを始める方へ

Part 2

1万人登録者数を目指す！初心者のYouTubeレベルアップ方法

Part 3

「自分にはできない！」の壁を乗り越える方法

Part 1

これからYouTubeを始める方へ

Part 1-1

なぜ今、YouTubeを始めたほうがいいのか？

今やYouTubeは、なぜ人気なのかを語る理由もないほど需要が高まっているプラットフォームです。

少し前までは「面白いことをしている動画」という印象の強かったYouTubeも、配信内容が多様化していき、最近では教育に役立つコンテンツを発信する人や、仕事に役立つ情報をアップする人たちが増えてきました。

では、なぜみんなこぞってYouTubeの配信を始めているのでしょうか？

◉ビジネスに不可欠な「信頼」を勝ち取ることができる

まずその理由を知る前に、今のネットの現状を知ってもらいたいと思います。

今ネットにはたくさんの情報が溢れています。調べればすぐに自分の知りたい情報を得ることができますが、それと同時に自分が目的としていなかった情報も入ってきて、油断すればいつの間にか情報の渦に巻き込まれていきます。

価値観も多様化しており、人によってはこの情報はいいけど、あの情報は合わないなんてことがあります。

ですが、そんな情報の中でも一部の人々は上手に情報を活かしています。

そんな人たちはどうしているのかというと、信頼できるサイトから吸収し、役立つ情報を得ているのです。


実は、これはYouTubeも同じことです。毎日何万という動画がアップされていますが、視聴者はそれを全てランダムに観ているわけではありません。

YouTube上で見つけたお気に入りのチャンネルの動画を観続けたり、友人知人など、信頼できる人にすすめられた動画を観て情報を得ているのです。

大体の人がなんとなくでも「このジャンルのことならこのチャンネル」といったように特定のお気に入りチャンネルを持っています。

ということは、一度「相手の心に響く動画」をアップすることができれば、信頼を勝ち取ることができ、「このジャンルならこの人」と自分を指名してくれるようになるということです。

今までは「情報量やその内容」に価値が置かれてきましたが、「あなただからこそ」の動画を観てくれるようになり、その先の「あなたが紹介する商品」にも興味を持ってくれるようになります。

◉今まで伝えられなかった情報を伝えることができる

YouTubeでは、今までブログなどの文章では伝えられなかった情報を伝えることができます。

文章では伝えきれなかったニュアンスを「口にして伝える」ことで、今まで相手がキャッチアップできていなかったことまで相手に伝わりやすくなるのです。

そして同時に、あなた自身の雰囲気や声のトーンなども伝えることができるというメリットもあります。

今まではあればブログやメルマガなど、文章で商品の説明や自分の雰囲気を伝えるしか方法がありませんでした。

視聴者（買い手）側も、ブログやメルマガなどの文章だけで相手の人となりを知るしかありませんでしたが、YouTubeがあれば実際に声のトーンや表情の動きを見て判別することができるのです。

例えばブログでは静かでおとなしい感じだったのに、セミナーに行ってみたら声がやかましくて落ち着かなかった、思っていた人と違った、なんてことを避けることができます。

これは視聴者（買い手）側にとってのメリットと感じるかもしれませんが、情報提供する側にとってもメリットです。

情報を動画で共有するだけでなく、事前によりリアルに近い状態の自分自身を知ってもらうことで、結果的に相手側の不満や不安感、クレームをなくすことができるからです。

◉今後動画はビジネスの強力な武器になる

YouTubeは今後、様々なジャンル、様々な切り口での動画が増え、続々と生まれていきます。ますますYouTubeは盛り上がっていくことでしょう。

そして、いつしかYouTube以外にも人々を魅了する動画プラットフォームが出てくるはずです。

とはいっても、動画市場自体は縮小するとはあまり考えられません。動画と何かを掛け合わせたものになるかもしれませんが、動画を軸としたプラットフォームは今後ますます盛り上がっていくはずです。

万が一、YouTubeが低迷することになったとしても、動画配信に慣れている人であれば、すぐに相手が求めている場所、違うプラットフォームでも活躍することができます。

そのためにも、自分のビジネスを情報発信したいという方は、今後必要なツール、武器として動画配信に慣れていってほしいと思っています。

Part 1-2

動画未経験者でも登録者数1万人達成できたワケ

◉危険？　YouTube配信は怖くない

動画未経験者だったわたしのYouTube運営についてお話しする前に、少し余談をお話させてください。

本書を読んでいるあなたは、YouTubeの視聴者に対してどのようなイメージを思い描いていますか？　厳しくあなたを非難する人？　それともなんとなく動画を観ている人？　人によって様々なイメージがあると思います。

ですが、覚えておいてほしいのは、あなたの動画を観てくれる人、いいなと思ってチャンネル登録してくれる人は、生身の人間だということです。

自分の動画を観てくれている視聴者は、良い動画を観れば喜んでくれますし、もっと知りたいと思った人はコメントをくれたりします。

逆に、もしあなたがあまりにもひどい動画をアップすると無言で立ち去るか、非難してきます。

こんなことをいうと「動画で下手なことを伝えてしまったら非難されるのでは?」と思ってYouTube参入をあきらめる方もいるかもしれません。

実際そんな気持ちになるのも理解できます。

わたし自身もそう思っていたからです。

YouTubeという場所は、観ている視聴者がすぐに動画配信者の悪いところを見つけて非難するようなコメントを入れたり、動画を悪用する人たちだと思っていたのです。

ですが、実際にやってみたらそうではありませんでした。

最初のうちは不慣れな動画も多く、うまく配信できないときもありましたが、自分の想いや、しっかりと伝えられる技術を持っていれば、想像するほど恐ろしい場所ではないと気づきました。

もちろん、ときたま非難する人がいて、その言葉を真に受けてしゅんとしょげてしまうこともありますが、それは現実世界でも同じことでしょう。

むしろYouTubeをそんなに特別視せずに、もっとフラットに、生身の人がただ動画というツールを使ってコミュニケーションをとっている、ただそれだけだと思ってみてください。

なぜわたしが最初に視聴者の反応についての話をするのかというと、わたしに「YouTubeを教えてください」と言ってくれる人たちは、自分がどう見られているか、自分の顔をネット上に出しても安全なのか？　そういったことを大半の人が気にしているからです。

そして「自分が下手なことを言ったら非難されるのでは？」という漠然とした不安を持っていて、そのような理由からYouTube配信に踏み切れず、もっと上手に撮れるようになってから動画をアップしよう、そう決めてずっとYouTubeに踏み出せずにいるのです。

ですが、それはあまりにももったいないことです。

なぜなら、あなたが漠然と持っている不安はごく一部の話で、YouTubeにはそれをカバーするにあまりあるたくさんの可能性が溢れているからです。

例えば、あなたが1本のYouTube動画をアップしたら、その動画がこの世界の誰かの目に留まり、その誰かにとってすごく役立つ情報になるかもしれません。もしかしたらその動画のおかげで、その視聴者はそれを観た瞬間から未来がガラリと一変するかもしれません。

そして、気を良くしたあなたが、もっとたくさんの役立つ動画や有益な動画をアップすることで、世の中はますます明るい未来が開けていきます。そして、誰かと新しい仕事を始めたり、今まで見ず知らずだった「気の合う人」との出会いが待っているかもしれません。

ですから、その手前であなたが立ち止まっているとしたら、自分が動画配信を始めることで広がる明るい未来を思い描いてみてください。

わたしはこの本を読んでいる人のすべてが、素敵な動画を配信できる人だと思っています。

難しく感じるかもしれませんが、講師としては未熟なわたしのピラティスちゃんねるでさえ、「動画が役に立った！」「今までできなかったことができるようになった！」と言ってくださる視聴者の方がいます。それは小さなことかもしれませんが、観てくださった視聴者の明るい未来を作ることができたのだと思いました。

ですから、もしもYouTubeに踏み出せずにいるのであれば、わたしの話を信じて、まずはYouTube動画配信に一歩踏み出してみてください。

◉全くの新米ピラティス講師だったわたしのYouTube配信

ここからはわたしのYouTube配信についてお話ししていきます。

これから始める方の参考になるようにとYouTube運営の初期のお話をしていきますが、読み飛ばしていただいても問題ありません。

まずピラティスをご存じない方のために簡単に説明すると、体幹を鍛える運動で、ヨガに似たような動きをします。

そのため、YouTube動画の中ではわたしが実際に体を動かしながらポイントはどこなのか解説をするといったことをしていました。ですが当時のわたしはピラティス講師としては新米もいいところでした。

もしあなたが有資格者である人を講師とみなすのであれば、そのときのわたしは、講師にもなっていないときに動画配信をしていました。

リアルなレッスンもやっていましたが、先にやっていたのはYouTubeからです。おそらく運動系の講師としては珍しいタイプですが、動画で配信すると危ないもの、自分が責任を持てないものは配信しないという線引きをしてYouTubeを始めました。

このように、最初から自信満々でYouTubeを始めたわけではなく、「わたしレベルで講師として教えていいのか？」「視聴者は安全な環境でできているのか？」と、何度も悩んでは壁打ちするように動画を配信していました。

またYouTubeの配信に関しては同じ職業の人から非難の声もありました。ピラティス講師の人に、「YouTube動画をやるなんて……」と言われたこともあります。

実際あなたもYouTubeを始めたことで、非難されることがあるかもしれません。ですが、今だからこそわかりますが、このような声に負けてはいけません。

あなたがなぜYouTubeをやるのか、そしてあなた自身の言葉で何を伝えるのか、それが大切だからです。

だからわたしはYouTubeを配信し続けました。

そうして配信しているうちに、とにかくわたしの良さはピラティス講師の経験の有無よりも、わかりやすく伝えられることだ、ということに気がつきました。

配信を続けていくうちに、動画をリクエストしてくれる人や、「すごく良かった」という感想を送ってくれる方も増えていきました。

もちろん動画配信では時々挫けそうになることもありましたが、視聴者の方の暖かいコメントがわたしの中のモチベーションになり、「わたしはこれでいいんだ」、そう思えるようになりました。

あの頃やさしく見守ってくれた人、暖かいコメントをくださった視聴者の方には本当に感謝しかありません。

もしかしたらYouTubeを配信するにあたり、過去のわたしのように自分のレベルでは役不足で配信できないと思っている人もいるかもしれません。ですが、今ならわかりますが、それは違います。

実はあなたはかなり先を行っていて、これからそれをやろうとしている人たちは、もっと手前で立ち止まっているのです。

なので、あなたが視聴者に示してあげられる道は無数にあります。

今はそれが何だかわからないだけです。

そしてそれは、やりながらわかっていきます。

もちろん今後もその道の専門家として学び、向上していく必要はあると思いますし、できないこと・わからないことは配信しない、などの線引きも必要です。

ですが、視聴者の悩みは思ったより手前だったり、実は違い道だったりするということは覚えておいてください。

◉登録者数2万人。

わたしの運営する「ピラティスちゃんねる」の登録数の推移

わたしの運営していた「ピラティスちゃんねる」は2017年9月から2018年10月の約1年2ヶ月の間運営していたYouTubeチャンネルです。

現在わたしはピラティス講師としての活動をやめているため、昔の動画は残しつつも２０１８年10月を境に動画の更新もやめています。

これまでアップした動画の本数は57動画（内７本のライブ配信動画）です。

YouTubeは始めたらすぐにアクセスが来ると思っている人もいるかもしれませんが、実は違います。

YouTubeというのは、圧倒的なコンセプトがない限りYouTube上で表示されるようになるまである程度時間がかかります。

わたしの場合は、そんな圧倒的なコンセプトは作らずに、ざっくりとこんなことをする、と決めて配信を始めました。


そんなふうにして２０１７年9月からYouTubeでの動画配信を始め、徐々に伸びていき、約10ヶ月後の２０１８年7月にようやく登録者数が平均して50人ずつ増えるようになりました（※減少数を引いた、純粋に増えた数です）。

この10ヶ月を迎える前までは、Facebook等で告知して知り合いの人に観られる程度、YouTube上でもちらほらと観られる程度でした。

これはブログをやられている方ならご存知かと思いますが、ＳＥＯと同じです。

YouTubeでたくさんの人に観られるのは、ある程度時間がかかるものなのです。

なので、一見するとコンセプトを練りに練ってドカンと増やすほうが楽に感じます。

ですが、本書では際立ったコンセプトがなくても登録者数を増やせる凡人コースをお伝えしています。なぜなら際立ったコンセプトなど、わたしには思いつくことも教えることもできなかったからです。

わたしは常に自分の特性を踏まえ、自分にできることを見つけて必要とされていることを提供するタイプです。なので、本書ではドカンと際立ったコンセプトの作り方をご提案することはできません。

とはいえ、凡人コースも悪いことばかりではありません。

なぜなら、ビジネスの基本は自分の特性を踏まえ、需要があることを提供すれば、それだけで成り立つからです。そのため最初の方向性だけ決めて改良していけば誰にでもできます。

この方法は時間はかかりますが確実ですし、際立ったコンセプトを練る必要もありません。

時間はかかるけれど、長いスパンをかけて再生数と登録者数が増えるところにまで持っていけます。

ちなみにきちんと動画が需要とマッチしていると、平凡なコンセプト動画であっても爆発的に動画の再生数が伸びる時期があります。そうやって動画が見事にハマると、実は更新を止めても登録者数は伸び続けます。

実際にわたしのYouTubeチャンネルは、更新をやめた後も登録者数は増えています。

動画の更新をやめた２０１８年10月時点での登録者数は５０００人でしたが、ずっと伸び続けているのです。

おそらく登録者数５０００人の時点で更新をやめなければもっと早く1万人達成することができたでしょう。

そんなわけで今でも登録解除する人よりも圧倒的に登録する人のほうが多い状

況です。

そして、２０１９年4月にはついに登録者数1万人を突破し、２０２０年4月には2万人を突破しました。


ちなみに、これまでわたしが配信した動画の中で一番再生回数を伸ばしている動画は、再生回数90万回、その動画のいいね数は９０００回を超えています。

こんなことを書くと、「あなただからできたのでは？」と思うかもしれませんが、そうではありません。

失敗しながらも色々実践してみたら、その一つがハマった、ただそれだけなのです。

本書では、その色々実践してみて気づいたところ、効果があったもの、なかったものなど、有効的な実践方法をお伝えしていきます。

焦らず自分のペースで取り組んでみてください。

Part 1-3

運営してみてわかった！YouTubeで大切な3つのこと

YouTubeの具体的なノウハウを解説する前に、YouTubeにおいて大切なことをお伝えしていきます。この後お話しするノウハウもこれを前提に解説していますので、目を通しておいてください。

◉大切に守ってほしいのは「動画の質」

運営してみてわかったのは、ブログと同じでYouTubeも質が大切だということです。

ただ一言に「質」といっても様々な要素があり、YouTubeにおいては撮影や編集が絡むので更に複雑なように思えます。ですが実はとてもシンプルです。

よく勘違いされがちなのですが、視聴者はあなたのチャンネルに惹かれるのではなく、1つの動画に惹かれてやってきます。

「この動画いいな」と思った人は、あなたの他の動画に興味が移り、あなたのチャンネル自体に興味をもち、あなた自身に興味が移っていきます。

そして、よく考えてみると、「この動画いいな」という最初のインパクトが小さいと、次への移行ができず、他の人の動画へと流れていってしまいます。

だからシンプルに1つの動画の質を磨くことが大切なのです。

そしてそれは、まずはごく平凡な自分の中に「伝える内容」を見つけることから始まり、そして「伝え方」を知ることで磨かれていきます。

伝える内容に関しては、高度な知識や経験がその基準になると思われがちです。人によってはテレビのような高度な技術で撮影したり、目を惹くような編集をすることに価値を感じてもらえると思うかもしれませんが、実はそうではありません。

これはわたしもやってみてわかりましたが、「あなたの視点」や「個人的な経験」に価値を感じてもらえるのです。

よくあるレビュー動画や体験談などはその代表例です。

ですが、「伝える内容」だけを用意して好きなように話しても、視聴者には観てもらえません。だから、「伝え方」を知る必要があります。

伝える力が必要だというと、元々トーク力がある人ではないといけない、と思われがちです。

確かに、話に惹き込むカリスマ性などをその人に感じてしまうと、自分にない部分がたくさんあり、「それがない自分は……」と思うかもしれません。

ですが、それはあまり重要な部分ではありません。あってもいいし、なくてもいいのです。

それよりも大切なのは「伝える順番を知る」ことです。

伝える順番の基本を抑えておけば、相手に自分の言葉が伝わり、そこから「あなたの落ち着いた口調が好きだ」「ゆっくりとした雰囲気が好きだ」という人が現れはじめます。

そのため、まずは自分の伝えたいことを見つける、そして話す順番を知る、というところから始めましょう。

話す順番に関しては、レベル2の『撮影は撮る前が一番大事！　台本作成&予行練習をしよう』と、レベル3『視聴者を「もっと知りたい！」にさせる「話の展開」方法』で解説していますので、詳しくはそちらを参考にしてください。

◉視聴者の存在を意識して動画をアップすること

YouTubeにおいて大切なのは、「視聴者についてよく考える」ことです。

視聴者の気持ちを察し、相手が何を考えているのか、何を求めているのか、いつでもアンテナを張るようにすることです。

すると、自ずと何をしたらいいかが見えてきます。

視聴者が何を求めているのか、相手の気持ちを考えるということが難しいという方もいるかもしれませんが、そんなに難しく考える必要はありません。

例えば、あなたが過去に何か悩んでいることがあって、自分の提供するサービスによって解決したのであれば、あなたの過去に答えがあるかもしれません。

また、あなたが今までブログを書いていたのであれば、それを単純に動画で配信してほしいと思っている人がいるかもしれません。

そのように、自分の視点から見たり、身近なお客さんの視点から見ていけば動画のヒントが見つかります。


また、もう一つの視点として持っておいてほしいのは、動画は一方的なコミュニケーションツールではなく、双方向のコミュニケーションツールだということです。

わたしは当初、動画は撮ったら相手の好きな時間に観てもらえるもの、配信者側は相手の需要に合わせて伝えるだけだと思っていました。

もちろんそういった面もあるのですが、上手な配信者はそれだけではなく、うまく視聴者を巻き込んでいました。

リアルな交流とまではいかずとも、相手に共感させたり、「この人のことを応援したい」と思わせるのです。

そして、この双方向だという感覚を持つと、相手のことが自然に考えられるようになります。

そして自分自身も一方的に動画を配信しているのではなく、相手がいるのだという認識に変わり、自分自身も楽しくなります。

◉自分自身がYouTubeを楽しむこと

最後は、自分自身がYouTubeを楽しむことです。

これは自分にとって大切なことのように思えますが、観る人のためでもあります。なぜなら、配信者が楽しく配信している動画は、相手をも楽しくさせるからです。

同じ情報であっても暗い顔で動画配信している人と楽しく配信している人がいたら、楽しく配信している人を観ますよね？　極端な例ですが、実際にそのような動画を観てみると気持ちがわかると思います。

ですが、実際にYouTubeを始めたばかりの頃というのは、動画配信を楽しむことは難しいかもしれません。

かく言うわたしは今でも撮影が苦手です。調子が悪いときは顔が無表情になり、おそらく視聴者の方を暗い気持ちにさせているときがあると思います。

ですが、それでも繰り返し撮影を繰り返すことで、少しずつ慣れることができます。

また、やっていくうちに自分自身、編集作業が楽しいと感じていることにも気がつきました。

なので、ぜひみなさんも最初は「まだ慣れていないだけ」と思ってYouTube運営の中に楽しさを見出してください。

全部じゃなくてもいいです。

ここは好きだな、というところが見つけられれば、続けていくうちにそのうちに慣れて、再生数やコメントをもらえるようになれば少しずつ楽しくなってきます。

また、いきなり動画を撮って自分の顔を出すのに抵抗がある、という場合はラジオのように自分の音声のみ配信するというのも一つの手でしょう。

何よりも自分自身が楽しくやれることを優先してあげてください。
それが継続させるコツでもあります。

Part 2

1万人登録者数を目指す！初心者のYouTubeレベルアップ方法

★本書の活用方法

Part 2では、自分の立ち位置を把握しながら動画制作に踏み出せるように、あえて5段階に分けています（次ページの図を参照）。

これからYouTubeを始める方がノウハウコレクターになるのではなく、自分のできる範囲でYouTube運営に取り組めるように配慮したものになります。

なので、YouTubeの開設やチャンネルの方向性を決めていない人はレベル1から、すでに動画を始めていてもっと伸ばしたいと思っている人はレベル3やレベル4から、などと好きなところから始めてください。

本書ではわたしが登録者数1万人達成させるための手法を書いていますが、全て完璧にこなす必要はありません。むしろ、「これは良さそう」と思ったものを少しずつ取り入れて運営していくことをおすすめします。

YouTubeは最初のうちは大変ですが、少しずつこなしていくことで地道に伸びていきます。

ぜひ、RPGゲームのような感覚で、地道に楽しく自分の動画レベルを上げていってください。

Part 2 の全体像

レベル1

対象者：これからYouTubeを始める人

①チャンネルの方向性を決める

②チャンネルの初期設定をする

③撮影道具を揃える・環境を整える

レベル2

対象者：撮影未経験者

①台本作成

②初級者向けの撮影方法

③動画アップ前の設定

レベル3

対象者：YouTubeらしい動画をアップしたい人

①YouTubeらしい基本の撮影方法（伝え方）

②初級者向けの基本の編集方法

レベル4

対象者：より再生数と登録者数を伸ばしたい人

①キーワードの狙い方

②サムネイル作成方法のコツなど

レベル5

対象者：登録者数1,000人以上

①視聴者との関わり方を知る

②観られる動画をつくる

Part 2-1

Level 1
★☆☆☆☆

簡単！YouTubeで最低限やっておきたい下準備

【対象者】チャンネル開設をしておらず、これからYouTubeを始める人

レベル1では撮影に取り掛かる前の準備をクリアしていきましょう。

たったこれだけ？　と思うかもしれませんが、侮るなかれ。チャンネルの方向性などを決めるのは何よりも大切なことなので、まずは焦らず一つずつ取り組んでいきましょう。

◉チャンネル運営を始める前に決める5つのこと

YouTubeを始める前に、まずはチャンネルの方向性を決めていきましょう。

ただし、これは始める前から絶対に必須というわけではありません。とりあえずYouTube動画を始めてみて、そこから徐々に決めていくこともできます。

ですが、ビジネスYouTuberが長期的にチャンネル運営していくことを考えると、最低限のざっくりとした方向性は決めておきたいところです。

一つの動画がバズればいいわけではなく、あなたという存在を知ってもらうためにYouTubeを利用する必要性があるからです。

また、YouTubeにおいてのゴールを明確にしておくと、なぜ自分がYouTubeをやる必要があるのかを明確にすることができ、挫折しそうになったときに立て直しやすいというメリットがあります。

これから始める初心者の方が決めることは以下の5つです。

①自分はなぜYouTubeで発信したいのか?
②何を発信するか?
③需要はあるのか?
④視聴者の悩みと提示する未来
⑤改善していく(やりながら)

①自分はなぜYouTubeで発信したいのか?

まずはこの言葉をあなた自身に問いかけてみてください。

「なぜYouTubeを始める必要があるの?」もしかしたら人によっては特に理由はない、YouTubeはやったほうがいいから……、流行っているから……、と漠然とした、世間一般の人が思うようなYouTubeのメリットを思い浮かべるかもしれません。

もしこのような理由であれば、肩の力を抜き、一度深呼吸をして、「どうして自分がYouTubeをやる必要があるの?」と再度問いかけてみてください。


YouTubeで発信する理由を明確にしておくというのは、とても大切なことです。なぜなら、これからあなたがYouTubeでやることは、自分自身のビジョンをYouTube上で表現することだからです。

ビジョンなんてそんな大袈裟な、と思うかもしれませんが、登録者数が多数いる人気のあるチャンネルには、何かしら芯があります。

そして、ビジネスYouTuberとして発信する人は、自分が仕事を通して実現したいビジョンが芯になります。

この芯は自分のチャンネル運営の指針になるだけでなく、自分自身を守ってくれるものになります。

チャンネルの再生数や登録者数に一喜一憂しにくく、自分自身が実現したいことに邁進することができるのです。

さらに、そういった想いは、自分を動かす原動力になると同時に、人をも動かす力となります。

特にYouTubeという媒体は、人の想いが顕著に表れやすく、その想いと伝える技術がある動画は伸びやすいのです。

そんな動画にするためにも、最初は何よりも「あなたがYouTubeで何を発信したいのか」を自分に問いかけてください。

この段階では、外の意見(需要や時代の流れなど)を気にする必要はありません。

もしどうしても浮かばない、という人のためにわたしの例をご紹介します。

【例】ピラティスのチャンネルの運営
↓ピラティスをもっと気軽に取り組める運動にしたいから

これはわたし自身が、ピラティスが意外と高尚な運動として認知されていることや、正確性を重視する運動であることから出てきました。

実際この想いというのは、根拠があるものではなく、とても感覚的で個人的なものです。ですが、自分の過去の経験から思った不平・不満から「こうなったらいいのに」という想いからきています。

ぜひこのように考えてみてください。無理に大きなことを考える必要はありません。なぜなら先にも言った通り、この感覚的で個人的な想いが自分を強く動かす原動力だからです。

なので、あなたも一度、「YouTubeで発信したいことは何か、なぜか」を、強く思い巡らしてみてください。

②何を発信するか？

なぜYouTubeを配信をするのかを確認できたら、次に何を発信するのかを具体的に決めていきましょう。自分にできることは何か、何をしたいか、そういったことを考えていくのです。

自分のできることの中に、自分のやりたいことのヒントが隠されています。

「自分にはこれができる！」と思うものがあればいいのですが、人によってはやりたいことなのに、できないとあきらめてしまうかもしれません。

できないと思ったら「じゃあ今の自分ができることはないだろうか？」と考えてみてください。


すると今、自分にできることが見えてくるはずです。

そして、最初に思い描いたことができないと思ったのは、撮影技術や編集技術、また人の協力がない、お金がないからできないと思っているだけだと気づけるかもしれません。でも、それに気づけると、ただ自分が「何もできない」と漠然と思っているだけだったということに気がつけます。


ここでもわたしの例をお伝えします。わたしの場合は、「ピラティスの技の解説」ができそうだったので、まずはそこから始めて、徐々に教室でやっているようなレッスン動画を上げていきたいと思いました。

このように、まずは自分のできることからやっていくと、得意なことで経験が積めるので、その先、本当に自分のやりたいことがやりやすくなります。ぜひ一度、本書を手元から離して、自分はYouTubeで何ができるのか、何をしたいのかを考えてみてください。

③需要はあるのか？

次に、発信内容に対しての需要があるのか、ここは実際にキーワードを踏まえて調べる段階です。

YouTubeで再生数やチャンネル登録者数を増やしたいという目的を持っている場合は、まずはYouTubeで需要がどれだけあるか調べる必要があります。

なぜならYouTubeで再生数や登録者数を増やすには、YouTubeで需要のある動画を上げていけばいいだけだからです。

ですが、ビジネスYouTuberの方は、実際に職業名などで調べると全く需要がないことがわかると思います。

「営業」「カウンセリング」など調べても、エンターテイメント系の動画に比べると再生数は少なく、「これじゃ、やる価値がない」と思われるかもしれません。

ですが、ビジネスYouTuberのほとんどの方はそんな状態からのスタートです。

では、どうしたらビジネスYouTuberでも再生数や登録者数が伸ばせるのか、これはとても単純で、「需要のある動画に絡めていく」ことです。

そしてその需要は、あなたの仕事を少し大きな視点で見てみると、そのヒントは案外早く見つかります。


例えば、営業職の人が営業に関するスキルを発信したいとしましょう。

すると、営業というジャンルはあまり需要が高くないことに気がつき、再生数もそれほど多くないことがわかります。

そこで、営業職の人は少しずつ大きな視点で見ていきます。

あなたが営業をしていて会話を広げていくことに自信があるなら、コミュニケーション術などに広げていきます。

また逆に、口下手なのに営業職になり、そして今ではトップ営業マンになっているのであれば、口下手なところからどうやってしゃべれるようになったのか、

「口下手な人のコミュニケーション術」という切り口も考えられます。

ここで大事なのは、自分が何を起点にするか、ということです。

わたしの場合であれば、ピラティス講師の立場で筋トレの解説し、ピラティス講師の立場でストレッチについて解説していました。

あくまで自分は「ピラティス講師」であるということが大切です。それがブレてしまったら、あなたはただの登録者数を増やしたい人で、自分が何者なのかよくわからない人になるからです。

ただYouTubeを始めたばかりの頃は、そこまで見えないことがほとんどです。なので、まずは自分の仕事に関することで、みんなが知りたくなるような言葉を集めてみましょう。

例えば、営業職の場合は「営業　ラポール」「営業　信頼を得る」などを検索し、自分が営業職を始めたときに困ったこと、営業職の人がよく悩むことを収集します。そこにヒントがあります。

「ピラティス」の場合であれば、「ピラティス　ロールアップ」など、ピラティスをやっている人がよくつまずく技を洗い出すといった感じです。

④視聴者の悩みと提示する未来

あなたの動画を観ることによって、その視聴者のどんな悩みがどう改善していくか、それを考えてみてください。

必要としてもらえる動画を作るには、相手の悩みを解消し、どんな未来を提示してくれるのか、これが明確であればあるほど観られる動画に近づいていきます。

いわゆる「ターゲット像を思い描く」ということなのですが、できれば実際に実在する人物であることが理想的です。

わたしのように「過去の自分」を思い描いてもいいでしょう。

過去のあなたが何か悩みを持っていて、自分のサービスによってそれが解消したのであれば、それはそのまま「視聴者の悩みと提示する未来」に当てはまります。

そして、ここが明確になったら、いくつか段階を分けて、悩んでいる視聴者がゴールにたどり着くためにスモールステップを作ってあげましょう。

スモールステップといっても難しいことはなく、単純に初級・中級・上級と分けて、「初級ではこれをやればＯＫ」といったものを作るだけです。

ただ、情報は相手にたくさん与えればいいというわけではありません。

必要な情報を精査し、段階を踏んで伝えると、相手の理解も深まります。

ここまでの①～④全てを組み合わせてみると、自分の想いを基軸に何を発信するのか、やりたいことに対して需要はあるのか、相手にどんな未来を提示するのか、といったことが明確なチャンネルを作ることができます。

外側の需要や、観てくれるのはどんな人なのか、ということが見えてくると、自分のチャンネルの方向性や、今後上げていく必要のある動画などがわかってきます。

⑤改善していく（やりながら）

最初の段階では①～④がざっくり決められれば問題ありません。そしてYouTubeに慣れてきたら、やりながら改善していきましょう。

一度チャンネルの方向性を決めたら変更してはいけないと思う人がいらっしゃいますが、それは違います。

改善することはより良くなることであり、健全なYouTube運営をしていく上でとても大切なことだからです。

もちろん方向性をコロコロ変えてしまっては「この人何をしたいんだろう?」と思われてしまいますが、やってみたら何かが違かった、そう感じたら軌道修正をし、改良していくのが自然の流れです。

軌道修正が必要なケースは、YouTube運営をして1年運営しても、登録者数が伸び悩んでいるという場合です。

この場合は「①自分はなぜYouTubeで発信したいのか?」をベースに考え直していくことです。

例えば、わたしの運営しているピラティスちゃんねるの場合、ピラティスの技を解説した動画は思ったより再生数が伸びませんでした。

そこで、どう軌道修正しようか考えた結果、再生数や登録者数を伸ばすのであれば、もっと需要がある筋トレやストレッチなどの一般的な運動を配信する必要があると気がついたのです。

このときわたしは「①自分はなぜYouTubeで発信したいのか?」という部分をベースに考えています。ただ今後の運営を考えていくうちに、ピラティスは一つの手段でしかなく、それよりもみんなに体の基礎を作ってもらうことのほうが重要だということに気がつきました。

このようにコンセプトは途中で変更していってもいいもので、これは失敗ではなく良くするための改良です。もしここでつまずいている人がいたら、柔軟に考えるようにしてみてください。

無名の人がYouTubeに取り組む場合、初めからうまくいく人は稀だからです。大体の人が、動画を毎週上げながら途中で路線変更したり、トライ&エラーを繰り返しながら手探りでやっています。

少しずつやれることを増やしながら、自分に求められていることや自分の得意なことを知り、そして視聴者とともに動画を作っていく姿勢を大切にしていきましょう。

◉これだけ！　最低限の初期設定

チャンネルの方向性が決まったら、初期設定を完了させましょう。

厳密に言えば、無名の人がチャンネル開設をした場合、最初のうちはほとんどアクセスはきません。そのため最初の段階では全ての設定を完璧にやる必要はなく、最低限設定しておけば問題ありません。

では、その最低限の設定は何かというと、次の3点です。

・チャンネル名
・チャンネルアイコン画像
・概要欄の記入

まずは初期設定をする前に、YouTubeチャンネルを開設させましょう。

〈YouTubeチャンネル開設方法〉

YouTubeチャンネルを開設するためには、まずGoogleアカウントの開設が必要になります。

その後、開設する形になるので、持っていない方はまずGoogleアカウントを作成しましょう。

Gmailをお持ちの方はすでにGoogleアカウントを持っている状態ですので、Googleアカウントにログインした状態で②から始めてください。

① Googleアカウントの作成

まずはこちらのページでGoogleアカウントの作成をします。

https://accounts.google.com/SignUp?hl=ja
(「Google アカウント 作成」と検索すると出てきます)

必要な情報を入力してGoogleアカウントを作成しましょう。

アカウント作成と同時にGmailの開設もされます。

② YouTubeの開設

次にYouTubeチャンネルの開設をします。

YouTubeのTOPページに行き、右上のログインボタンを押し、Googleアカ

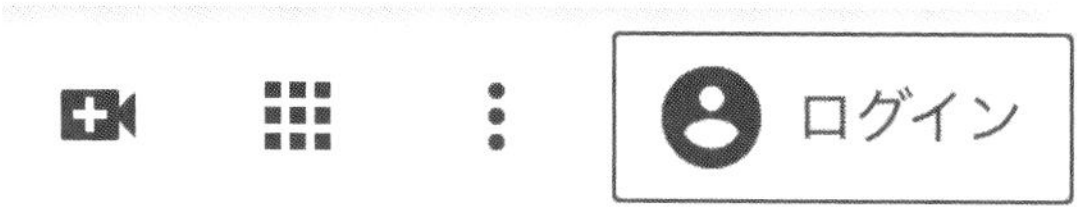

ウントでログインします（上の画像を参照）。

https://www.youtube.com/

クリックすると左の画像のような表示になりますので、「設定」をクリックします。

https://www.youtube.com/

次に「チャンネルの追加または管理する」ボタンをクリックします（次ページ上の画像を参照）。

https://www.youtube.com/account

すでにチャンネル作成をしている場合はこのような表示になりますが、まだチャンネルを作成したことがない人は「＋新しいチャンネルを作成」しかないので、そちらをクリックします（次ページ中の画像を参照）。

ここまでくれば、あとはチャンネル名を決めるだけです。

ブランドアカウント名（チャンネル名）を入力し、作成をクリックすればチャンネルの開設が完了します（次ページ下の画像を参照）。ブランドアカウント名（チャンネル名）は後ほど変えることができますが、回数制限がありますので、そこだけ注意しましょう。

チャンネル名の決め方に関しては後述します。

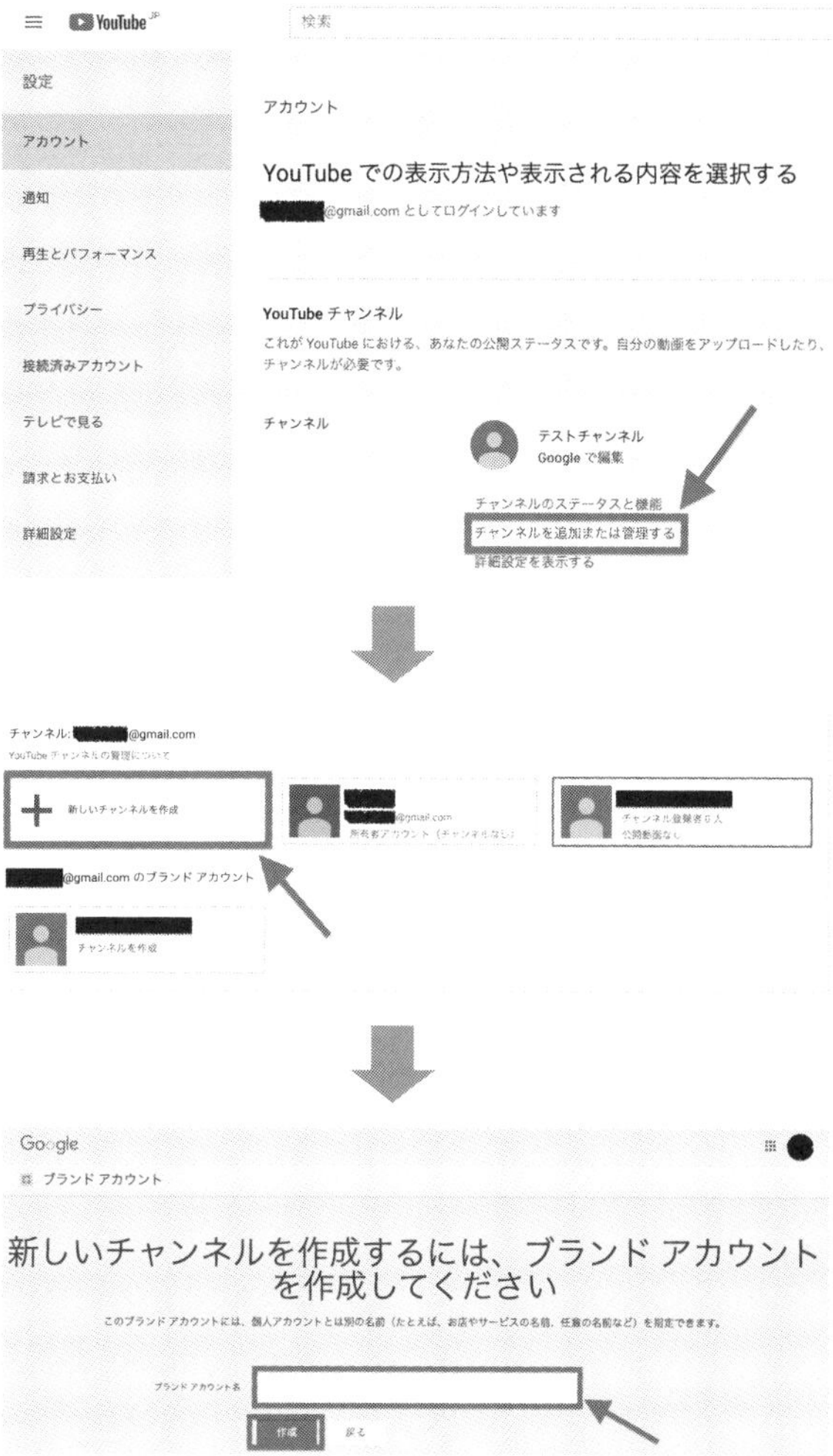
YouTube
検索
設定
アカウント
通知
再生とパフォーマンス
プライバシー
接続済みアカウント
テレビで見る
請求とお支払い
詳細設定
アカウント
YouTube での表示方法や表示される内容を選択する
[redacted]@gmail.com としてログインしています
YouTube チャンネル
これが YouTube における、あなたの公開ステータスです。自分の動画をアップロードしたり、
チャンネルが必要です。
チャンネル
テストチャンネル
Google で編集
チャンネルのステータスと機能
チャンネルを追加または管理する
詳細設定を表示する
チャンネル: [redacted]@gmail.com
新しいチャンネルを作成
[redacted]@gmail.com のブランド アカウント
Google
ブランド アカウント
新しいチャンネルを作成するには、ブランド アカウントを作成してください
作成

〈チャンネル名の決め方〉

すでにチャンネル名を決めていますか？　すでに決まっているのであれば問題ありませんが、決まってない人はまずチャンネル名を決めていきましょう。

チャンネル名はそれを見て視聴者がどんなチャンネルなのか、投稿者は何者なのかが想像しやすいものをつけるのが理想的です。それを踏まえた上で、

・短くコンパクト

・覚えやすいもの

にしていきましょう。

人によっては「今後、自分自身がチャンネル名で認識されるようになる」と思うとインパクトのあるものにしたいなと思って迷ってしまう人がいます。

その気持ちは非常によくわかるのですが、実はチャンネル名はそこまで重要ではありません。

なぜならYouTube経由でやってくる視聴者はチャンネル自体に興味があるのではなく、あなたの上げた1つの動画が目につき、それに興味があって、その先でチャンネル名を知るからです。

なので、チャンネル名で視聴者が納得できる名前であれば問題ないのです。

ただ、ある程度指標がないと決めにくい、という方もいらっしゃると思いますので、以下を参考にしてみてください。

①シンプルに「職業名＋名前」にする

チャンネル名が思いつかない、という方はシンプルに「職業名＋名前」にすると、違和感がなく、自分自身が何者であるのかわかりやすく相手に伝えることができます。

ビジネスYouTuberの方にとっては、自分のチャンネルの特徴が表しやすい一番いい方法でしょう。

例えば、カウンセラーさんであれば、「心理カウンセラー○○（名前）」といった具合です。

視聴者側も、心理学の動画を観てチャンネル自体に興味を持ったときに、職業名＋名前だと「あ、やっぱりこの人は心理学の動画をアップしてくれるんだな」と納得することができます。

②メインのキーワードを入れる

自分の名前を入れたくない、という方は自分の仕事を表すようなキーワードを入れるといいでしょう。

税理士さんだったら「税理士」、コーチングをする人なら「コーチング」です。

わたしの運営しているピラティスちゃんねるは、「ピラティス」という言葉を入れているのでこれに当てはまります。

キーワードを取り入れる場合は、その後ろに、

・チャンネル

・TV

といった言葉をつけると、YouTubeらしいチャンネル名になります。

③2つの言葉を取り入れる

もう少しオリジナリティ溢れるチャンネル名にしたい！ という方は、自分の仕事に関連する2つの言葉を組み合わせてみましょう。

例えば、副業しながらサラリーマンをしている人なら「副業×サラリーマンちゃんねる」、ブログとYouTubeの発信をしていくなら「YouTube ×ブログ発信ちゃんねる」、といった具合です。

会社をすでにお持ちの方は会社名+自分が発信するメインワードの組み合わせもおすすめです。

④チャンネル名を決めるときの注意点

〈無理にキーワードを入れようとしなくてもいい〉

キーワードを入れるとチャンネル名が簡単に決められますよ、とお伝えしましたが、無理して入れる必要もありません。

もちろんキーワードを入れることで、何を伝えたいチャンネルなのか視聴者にわかりやすくはなりますが、実際そのキーワードの検索をしてチャンネルを見つけてやってくる数はまだまだ少ないからです（例：ピラティスちゃんねるの場合は、「ピラティス」というキーワード検索からチャンネルや動画に訪れる人がいますが、アクセスの1割にも届きません）。そのため、もし自分のオリジナルの造語などがある場合は、そちらを優先してしまって構いません。

〈違和感のない言葉にする〉

例えば、YouTubeでは営業職の人が営業の話をする予定なのに「コーヒー好きな人のちゃんねる」と全く関係ないワードを入れてしまうと、とても不自然なことになります。

もちろん、その人自身がコーヒー好きなことは伝わるのですが、視聴者には誤解されてしまいます。

視聴者がどう思うかな？　という視点でみると、自分のチャンネル名に違和感があるかどうかわかるので考えてみてください。

〈チャンネルアイコン画像〉

チャンネルアイコン画像は、YouTubeでよくあるこの部分のことです（次ページの画像を参照）。

https://www.youtube.com/channel/UCkEiqUMWmSVYSPvLWAyE3Zg

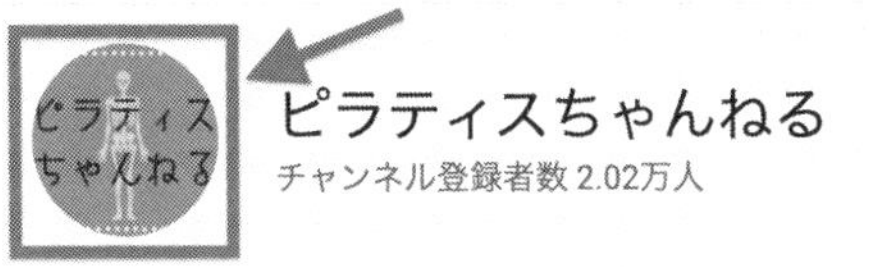

このアイコン画像は設定しないと、自分のチャンネル名の頭文字などになってしまいます。そのためアイコン画像は設定するようにしましょう。

チャンネルアイコン画像はチャンネル名をイメージ化したものと考えてください。

例えば、心理学の発信をするのであれば、「心理学」をイメージさせるようなハートを入れてみたり、もしくは自分自身の写真にしてみたりといった具合です。

YouTubeチャンネルのアイコン画像で適切なものが見つからないという方は、無料素材サイトや無料画像サイトを活用しましょう。

わたしも使っていておすすめなのは、Canva（キャンバ）というウェブ上で使えるデザインツールです。

無料登録で素材が使え、さらに基本的なデザイン作成機能もついています。有料の機能や画像もありますが、無料でかなり使える初心者向けのデザインツールです。

画像作成が簡単にできるCanva

アイコン画像を、チャンネルを象徴するようなロゴにしたいという方は、既にオシャレに仕上がっているデザインを使うのがおすすめです。

ここではデザイン作成に慣れていない人向けに、Canvaを上手に使ってオシャレなYouTubeアイコンを作る方法を解説します。

Canvaでアイコン画像を作成する場合は、無料登録後、「カスタムサイズ」をクリックします（上の画像を参照）。

https://www.canva.com/

カスタムサービスをクリックすると画像サイズを聞かれるので、800×800pxにしましょう（YouTubeチャンネルのアイコン推奨サイズは800×800pxです）。

Canva の画像作成画面

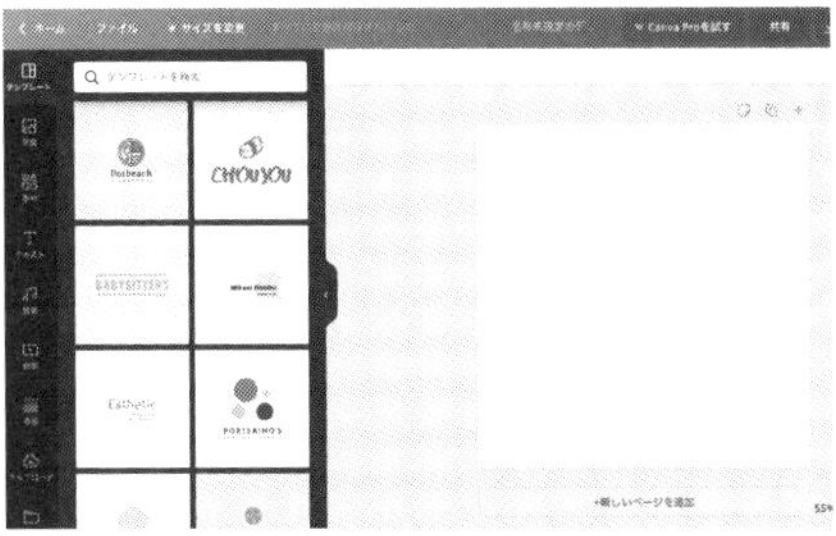

左側メニュー→テンプレートで好きなデザインを選択することで反映される

すると、本ページ上のような作成画面に切り替わります。様々なメニューがありますが、アイコン画像を簡単に作りたいなら左側のメニュー欄から「テンプレート」をクリックし、表示されたテンプレートからお好きなものをクリックしてみてください。すると右側に現れてそれをそのまま使用することができます（下の画像）。

このテンプレートをそのまま使うのもいいですが、表示されているロゴや文字部分は自分で修正を加えることができます。

また、さらにもっとオリジナリティを出したいという方は、左側にある「写真」「素材」「テキスト」といった項目を活用してみてください。

Canvaには無料の素材が豊富に揃っているので、うまく活用することですぐにオシャレなアイコン画像を作ることができます。

そしてデザインができ上がったら、右上の「パブリッシュ」ボタンから画像をダウンロードすることができます。

また、自分で持っている画像を使いたい、シンプルに自分の顔写真にしたいという方は、先ほどのCanvaの左側メニューに「アップロード」という項目があるので、そちらからアップし、ダウンロードしましょう。

するとYouTubeアイコン画像サイズにあった画像を使うことができるので、顔写真であればちょうど中央に自分の顔が来るように設定することができます。

Canvaはこのように、オシャレな素材や画像があるので、専門知識がなくて

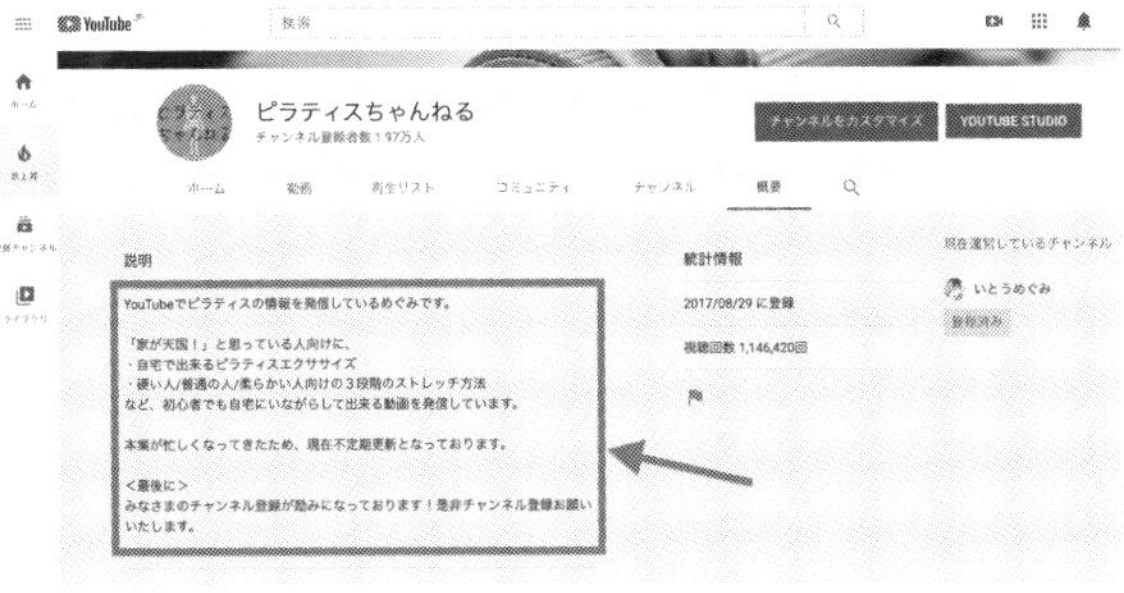

もオシャレな画像が作れるのがメリットです。

アイコン画像が思いつかない、指定サイズで作りたい、オシャレな素材を使いたい、という方はぜひCanvaを上手に活用してオリジナルのアイコン画像を作ってみてください。

〈概要欄の記入〉

次は概要欄の記入です。

YouTubeにはどんな動画を配信しているか説明する場所があります。

パソコンの表示だと、上の画像の矢印の部分です。

https://www.youtube.com/channel/UCkEiqUMWmSVYSPvLWAyE3Zg/about

この概要欄は、動画を観てあなたのことを気に入ってくれた人が「この人はどんな動画を配信している人なんだろう?」と確認する部分です。

この概要欄では、
・自分は何者なのか?
・どんな動画を配信しているのか?
・いつ配信しているのか?
といったことを記入していきましょう。

この欄は自己紹介を記入する欄ともいえますが、視聴者の方が知りたいであろうあなたの情報を書いてあげることが大切です。

そのため、端的に自分が何者であるのか、どんな動画を配信していて、視聴者にとってどんなメリットのある動画を配信しているのか、いつ配信しているのかをシンプルに書きましょう。

また指定の曜日・時間に定期的に動画をアップしているのであれば、それは必ず書いておきます。

なぜなら、読者がついてくるとあなたの動画を待ち望んでいる人は、概要欄をしっかりチェックして、アップする時間にすぐに観てくれてコメントをくれるからです。

この概要欄の下には、問い合わせ先の設定や外部リンクを設定できるところがあるので、ご自身のブログやSNSなどお持ちの方はこちらに掲載しておくといいでしょう。

また概要欄は一度決めたら更新していけないわけではありません。自分の動画の方向性が変わったり、自分の実績などが変わったりしたら定期的に更新していきましょう。

◉本格的な機材は必要なし！ スマホ撮影できる撮影道具を揃える

次にスマホで撮影できる撮影道具を揃えます。

初心者の方はまず、

・スマホ本体
・ピンマイク

・スマホ三脚
・魚眼レンズ（必要あれば）
を用意することをおすすめします。
実際にわたし自身もこれらの機材から始め、今でもお世話になっています（上の画像を参照）
撮影機材はこだわりを持ってしまえば高いものはたくさんありますが、写真のものは、実はどれも安価で手に入れやすいものになります。ひとつずつ解説します。

実際にスマホ撮影で使っていた道具たち

〈スマホ本体〉
当たり前ですが、撮影するためのスマホ本体が必要です。
ビデオカメラや一眼レフカメラなどがあれ

ばそれを使ってもいいですが、なければ特別に用意する必要はありません。

わたしは今でもスマホで撮影していますが、十分高画質の動画を撮影することができます。

何よりもスマホ撮影は気軽にできるので、撮影準備の手間も省けます。

人によってはスマホでもiPhoneだったり、特別画質が良いスマホじゃないといけませんか？　と気にされる方がいますが、あまりスマホの画質にこだわる必要はありません。実際、わたしがピラティスちゃんねるの運営には、iPhone5Sを使っていました。

正直iPhone5Sは今の最新スマホに比べると画質はそんなに良いわけではありません（iPhone5Sは８００万画素で、iPhone 6s以降は１２００万画素）。そのため現在、相当古いiPhoneをお使いでなければピラティスちゃんねるより良い画質の動画が取れます。

また最近ではAndroidのほうがiPhoneより画素数がいいものも多いので、iPhoneではない、という方も安心してください。

また、動画を撮る際には空き容量にも注意しましょう。

画質にもよりますが、１２００万画素のスマホで5分程度の動画を撮ると３００ＭＢぐらいは消費してしまうので、スマホの容量に余裕を持って撮影するようにしましょう。

〈ピンマイク or イヤホンマイク〉

YouTube 撮影の際にはピンマイク、もしくはイヤホンマイクの使用をおすすめします。

実は、動画撮影では画質よりも音声のほうが大切です。

動画を始める際に画質にばかりこだわって音声にはこだわらない人がいますが、音声がきちんと撮れていないと視聴者の離脱を起こしてしまいます。

もちろん、スマホでも音を拾ってくれるのですが、明瞭でないことがほとんどです（ただし、スマホによって個体差がありますので、ご自身のスマホで実験してみてください）。

また、声が小さい方や声が通りにくい方は、特にピンマイクやイヤホンマイクの使用をおすすめします。声が小さい人は良い動画を撮ったとしても、聞き取りにくいというだけで動画を観てもらえなくなってしまうからです。

ピンマイクを使ったことがない方には馴染みがないと思いますが、ピンマイクはAmazonなどで安いものだと1000円台からで購入することができます。

ちなみにわたしはAmazonで1370円の激安ピンマイクを使用していました。ホワイトノイズが気になるかな？　と思ったのですが、YouTube動画にBGMを入れてしまえばほとんど気になりません。

またピンマイクだけでなく、イヤホンマイクも使えます。お持ちのイヤホンにマイク機能がついている場合は、そちらを使用してみてください。

ちなみにiPhoneには初期購入時にイヤホンがついていて、これにマイク機能があります。これがなかなか使えるので、iPhoneをお持ちの方はまずはそれを使ってみてください。

ただ欠点としては、コードレスではないので画面に映り込んでしまうこと、洋服や髪の毛で擦れるとその音が入ってしまうことです。ですが、最初のうちは気軽に使えるものから活用することをおすすめします。

初めは細かいことは気にしすぎず、使えるものを使ってやっていきましょう。

〈スマホ三脚〉

スマホで撮る際はスマホ三脚を利用しましょう。スマホ三脚を使用することで、安定して一定の角度から撮影することができます。

三脚がなくてもスマホを上手に壁などに立て掛けて撮影することもできますが、立て掛けて撮影すると被写体を見上げるように撮影する、いわゆる「あおり撮影」になりがちです。

被写体を下から撮るようなあおり撮影は威厳があるように見せる構図ですが、初心者の方が一貫してその角度から撮影すると素人っぽくなってしまいます。できれば、しっかりと自分の顔の正面に安定して置けるようにスマホ三脚を使っていきましょう。

わたしが使っていたスマホ三脚は小さいコンパクトなもの。価格もAmazonで1300円程度の安価なものになります。

また100均でスマホ三脚が販売されていることもあるので、まずは手始めにそちらで試してみるのもいいでしょう。

わたしの使っていたスマホ三脚は、立ち姿勢の撮影に向いていない、高さが出せないタイプのものでしたが、高さを出せるタイプのスマホ三脚もAmazonで売られているので、立ち姿勢で撮影する場合はそちらの購入をおすすめします。

また一般的なカメラ三脚をお持ちの方なら、スマホをつけられるスマートフォン用三脚マウントをつけることでスマホ三脚の代わりになります。


〈魚眼レンズ〉


魚眼レンズは広範囲な撮影をしたい方におすすめの撮影道具です。

本来であれば被写体（自分自身）とスマホの距離を大きく取って撮影すれば解決する問題なのですが、わたしは部屋での撮影でその適切な距離を取ることができないという問題があったため使用していました。

部屋がそんなに広くなくて、でもピラティスちゃんねるのように体全体の動きを見せたかったり、大きいものを撮影したいといった方は魚眼レンズを活用するといいでしょう。

ただし、魚眼レンズは写真の中心から離れるほど映像が歪むのが、味であり欠点です。そのため、そういった歪みは許容する必要があります。

部屋での撮影ができないと、貸しスタジオを借りての撮影などになってしまうので、広範囲な撮影をしたい人は歪みを許容して魚眼レンズを使うといいでしょう。魚眼レンズもAmazonで1600円などお手頃価格で手に入れることができます。

スマホ撮影に必要なものは以上です。

とても安価なので安心した方が多いのではないでしょうか。

これが一眼レフカメラを買おうとなった途端、値段が飛び跳ね、YouTube参入に躊躇する方が増えます。

もちろん一眼レフカメラをお持ちの方はそちらを利用し、お持ちでない方は最初からしっかりとした機材を使おうとせず、スマホ撮影の気軽な撮影からトライしてみてください。

◉視聴者もゲンナリ？ 撮影環境を整えよう

撮影する際にはその環境も大事です。

撮影の前には以下のポイントを確認し、撮影環境を整えていきましょう。

〈背景を整える〉

まず撮影する際の、背景となる撮影場所を整えましょう。

視聴者の集中力が削がれてしまうような余計なものは置かないのが基本です。

自宅が撮影場所になる場合は、カメラに写る場所だけでいいのである程度整理整頓をしておきましょう。また、余力があるなら雰囲気を出すために小道具を置くといったこともいいでしょう。

例えば、パソコンに関係のあるお仕事をしている方なら、机にパソコンを置いた状態で撮影してみたり、本の紹介をしたい人なら本棚の前で話してみる、といったことです。

こうした演出によって視聴者にあなたが何者なのかが伝わりやすくなります。

ただし、何も用意ができないからといってわざわざ貸しスペースを借りるといったことは必要ありません。

それよりも大切なのは「何を伝えるか」なので、自宅の撮影で制限があり、小物を置くことができない、という方は、まずは何もなしのこざっぱりした自宅の撮影場所を確保しましょう。


〈明るさを調整する〉


撮影をする際は蛍光灯プラス、できる限り自然光を取り入れて、表情が明るく見えるように工夫しましょう。

撮影環境が暗い状態だと、自分自身の表情も暗くなってしまい、観ている方も暗い気分になってしまいます。

自然光は常に一定の明るさをキープできないので、本格的な撮影には不向きなものですが、初心者には十分です。

もっと明るさが欲しい場合は撮影用ライトを活用するのも手ですが、なくても全く問題ありません。

実際にわたしは撮影のとき、撮影用ライトなど一切使わず、自宅の蛍光灯+自然光を取り入れて撮影をしていました。

もし夜しか撮影できず、本当にどうしようもなく暗くなってしまう場合は、スマホ撮影を終えて保存したときにスマホ上で多少の明るさ調整を施すことができます（編集ソフトでも明るさ設定が可能です）。

ただ撮影後や編集ソフトで後から明るさ調整をすると、少し不自然さが出ます。そのため最初からできるだけ光を取り入れて撮影できるように時間帯を考慮しましょう。

〈自分自身を整える〉

撮影をする際には最低限、身だしなみを整えましょう。

見た目は視聴者があなたの印象を決める一因になります。

といっても撮影用の衣装などは必要なく、清潔感のある身だしなみ、髪の毛を整える、女性なら最低限の化粧をしておけば大丈夫です。

ただ自宅で撮影していると、ラフな格好で撮影してしまいそうになるので、そこだけは注意しましょう。

もちろん雑談動画など、あなたの日常を垣間見せるような動画であれば構いませんが、役立つような情報を発信する動画を撮ったりするときは、視聴者から「この人は信用できそうか？」という目線で見られていることを忘れないようにしましょう。

レベル1の段階は以上です。

チャンネルの方向性を決めるなど基本的なところですが、実は一番大切な部分であり、ここまででもつまづいてしまう人は大勢います。

撮影道具などは一度揃えてしまえばそれでOKですが、チャンネルの方向性は一度決めればOKというものでもないので、チャンネルの方向性に疑問を感じたらまた読み返して、軌道修正をかけてみてください。

Part 2-2

Level 2
★★☆☆☆

YouTube動画をアップするという障壁を乗り越える

【対象者】YouTubeチャンネルは開設したけど、動画のアップはまだしていない人

ここからは実際に動画撮影に取り掛かり、動画をアップするところまでやっていきます。撮影の際には何に気をつけたらいいのか、基本的なところを中心に解説していきます。

◉撮影は撮る前が一番大事！ 台本作成＆予行練習をしよう

「さあ、動画を撮影しよう！」と思ってすぐに動画を撮り始める方が多いですが、
実際撮ってみると、
「試しに撮ってみたけど、何をしゃべればいいのかわからなくなった」
「途中で自分が何を言っているのかわからなくなった」

といったことに陥りやすいようです。特に人前でしゃべることに慣れていない人はこのような事態に陥りやすく、そのまま動画を撮るのをやめてしまいます。

ですが、それは撮る前の準備が足りていないだけなのです。

撮る前には必ず準備をする必要があります。その準備とは、大まかなあらすじを立てた台本と、それをスムーズに話せるようにする予行練習です。


一見YouTubeで話している人たちは、最初からトーク上手で、その場のノリで話しているように見えます。

その場のノリで話すYouTuberの方もいますが、ビジネスYouTuberのような何かを説明するような人たちは、ほとんどの方が予め道筋を立て、YouTubeで聞いてもらいやすい効果的な話し方をしているのです。

これはわたしたちがよく観るテレビでも同じです。

テレビには台本があり、その台本があるからこそ芸能人の方は光り輝きます。

芸能人の方はアドリブで自由に話しているのではなく、ある程度型があるのです。だから番組にまとまりがあり、面白いものができ上がります。

ですから、あなたがYouTubeという自分の番組を作るにも、台本作成が必要で、しゃべり慣れていない方はうまく話せるように予行練習が必要です。

もしかしたら話上手な人や、セミナー講師をやっている方は、台本なしでも話せるかもしれません。ですが、直接教える話し方と動画はまた違うものなので、元から話すことが上手な人、得意な人でも台本は用意しておきましょう。


〈台本作成〉

(1) 台本をつくる前に決める3つのポイント

台本を書く前に、まず次の3つを決めましょう。

・誰に
・何を伝えるか(1つに絞る)
・動画タイトルを決める

この3つを決めておくことで、動画に一貫性が出ます。

慣れていないうちは1つ1つの動画に対して、誰に何を伝えるか、そして動画のタイトルを決める、といったことがとても億劫に感じられます。

ですが、それも慣れれば当たり前のように決められるようになるので、1つずつ丁寧にこなして経験を積んでみてください。

動画タイトルはあとで決めてもいいのですが、決めておけば動画のゴールも明確になって台本も書きやすくなりますし、視聴者も理解しやすい動画になります。

また、あとで決めるとなると、お題がないまま台本を書く形になってしまうので、先に決めておくことをおすすめします。

よりアクセスアップを狙った動画タイトルの付け方に関しては「レベル2　これをすれば完成！　動画アップ前の設定」でも解説していますので、そちらも参考にしてみてください。

(2) 相手に伝わりやすい！　YouTubeの基本の型

台本を作る際には、次ページの図のような基本の型に沿って話していくとスムーズです。

YouTubeはこのように3部構成になっていると考えるとわかりやすく、時間

YouTubeは3部構成と考えるとわかりやすい

はおおよその目安になりますが、大体の人が導入の約30秒~1分ほどで、

①自分が何者か伝える
②何を話すか1つ上げる
③その理由を話す

といった最初の挨拶と、この動画でどんな話をするか、という導入の話を展開していきます。

そして本編では、

④その話のポイントや注意点

といったこの動画の本題の話をします（時間は個人差がありますが短い人だと5分程度から長い人だと15分程度です）。

そして最後の締めとして約1~2分ほどで、

⑤ここまでの話をおさらいする
⑥最後の締めの挨拶をする

といった流れで話していきます。

話している本人は本編で全てを言った気になりますが、聞いている方は初めて聞く情報ばかりなので、最後におさらいが必要です。

再度確認するように話をまとめてあげると、視聴者も「なるほど、そういうことか」となって、理解度も高まり動画への満足度も高まります。

ざっくりとでもいいので、本題のまとめを入れ、最後に締めの挨拶をして終えるようにしましょう。

わかりやすいように先ほど決めた（1）「台本作成を作る前に決める3つのポイント」を基本の形に合わせて作成した台本例を載せておきます。

【例】「台本を作る前に決める3つのポイント」

《3つのポイント》

・伝えたいことを1つ：台本を作るポイント

・誰に何を伝えるか決める：なんとなく動画を撮り始めている人に台本作成のポイントを伝える

・動画タイトルを決める：登録者数が増える人はここが違う！　台本作成のポ

イントとは!?

《YouTube の基本の型》

①こんにちは、いとうめぐみです。

②今回は台本作成の３つのポイントについてお話をしていきます。

③なぜこの話をしようかと思ったかというと、台本をつくることによって、視聴者の満足度がグーンと上がるからです。

そしてYouTube動画をやっていくうちに台本作成には３つのポイントがあることがわかりました。なので今回はそのお話をしていきます。

④では、台本作成のポイントについてお話ししていきますが、１つ目は……（省略）。

⑤いかがでしたでしょうか？　おさらいすると、台本の作成では①、②、③というポイントがあります。

これらのポイントを抑えることで、動画に慣れていない初心者の方でも伝わる動画は作れます。

ぜひ今日から動画を撮る際には台本を作ってみてくださいね。
⑥もしこの動画が良かったなと思った方、ぜひこのチャンネルへの登録をお願いします。観ていただきありがとうございました。ではまた！

最初はこのようにして基本の型に当てはめて台本を作ってみてください。

初心者の方でもいつもこの型に当てはめて台本をつくることで、わかりやすい話の展開方法になります。

人によってはもっと巧みなトークを披露したい！　と思うかもしれませんが、初めての動画でいろんなことをやろうと思ってもなかなかできるものではありません。

無理していろんな話を盛り込もうとすると、話がとっ散らかって何を話しているかわからなくなってしまうので、まずはこの基本の型をベースに台本を作成してみてください。

実は撮影よりも台本作成に時間がかかるものなのですが、この展開方法を知っていれば、毎回型を考えなくて済むので台本作成の時間短縮にもつながります。

ただ、人によっては台本の作成の際、話すセリフを全て書き出さず、ある程度の大筋だけ書き出して話したほうが話しやすいという人がいます。

どちらも試してみて自分が話しやすいと思うほうで進めていくといいでしょう。どちらのパターンであっても、先ほど説明した型を使って作ればササッと台本を作成することができますので、ぜひ型を活用してみてください。


〈予行練習〉


先ほどの台本作成が終わったら、実際にその台本をもとに予行練習をしてみましょう。

話し慣れていない人や、動画撮影に慣れていない人は、いきなり撮影しようとしても言葉が出てこないものです。予行練習をしても最初のうちは撮影に臨んでスラスラと話せないかもしれませんが、何度もこなしていくと慣れてきます。

また、予行練習はスラスラ話せるようになる練習だけでなく、自分自身をカメラの前で話せるテンションまで持っていけるという効果もあります。

動画を撮ってみるとわかるのですが、誰もいないカメラに向かって話しかけるのはなかなかむなしく感じるものです。

また、いつも話すときは人が目の前にいるはずなのにいないので、自分の言葉を伝えにくいというのもあります。ですが、何度か練習するうちに、口も回ってきますし、自分自身に余裕が出てきます。そのため慣れるまでは予行練習をしてから撮影するようにしましょう。

・台本を見ながらの撮影でもOK

予行練習をいくらこなしても、言おうとしていたことを忘れてしまう、という方もいるかと思います。その場合は、台本をカメラの横に置いて時折セリフを確認しながら話してみましょう。

実は、YouTuber の中にはカメラの近くに台本を置いて、台本を目で追いながら話している人も意外と多く、ごく自然な撮り方になります。

ただし、ずっと台本に書かれた台詞を目で追うのはおすすめしません。ずっと目線を落としていると、視聴者は自分に語りかけられているとは思えなくなり、観る気をなくしてしまうからです。

台本があるからといって全ての文字を間違いなく話す必要はないので、ポイントポイントで目線を落として台本を確認する程度にしておきましょう。

◉基本の撮影方法をマスター。カメラの位置と圧迫感のない撮り方

スマホ撮影でも一眼レフカメラの撮影であっても、ある程度カメラに対して自分をどの位置に置けばいいか把握しておくことは大切です。

わたしはプロのカメラマンではありませんが、大切なところを抑えておくだけで素人っぽい撮影になるのを防ぐことができました。以下、基本の撮影方法を抑えておきましょう。

〈カメラの高さ〉

カメラの高さ位置は大きく分けて3つ、
・自分を斜め上から写す「俯瞰」
・自分と同じ目線の高さにする「目高」

・斜め下から写す「あおり」

の3種類です。

それぞれに特徴があり、その特徴を活かして使いこなすことによって様々な効果があるのですが、初めての方はそこまで難しく考えずに自分と同じ目線の高さにする「目高」で撮影しましょう。

カメラと自分の目線の高さを一緒にすると、視聴者とぴったり目線が合うので、一番自然な形に映ります。ビジネスYouTuberの方は、目高で撮影していることがほとんどです。

〈被写体との位置と距離〉

高さだけでなく、自分がカメラのどの位置に映るか、自分とカメラの距離感についても注意を払う必要があります。

なぜなら、カメラと自分の距離が遠すぎると誰が話しているのかわかりにくくなりますし、逆に自分の顔にアップしすぎると視聴者は圧迫感を感じてしまうからです。

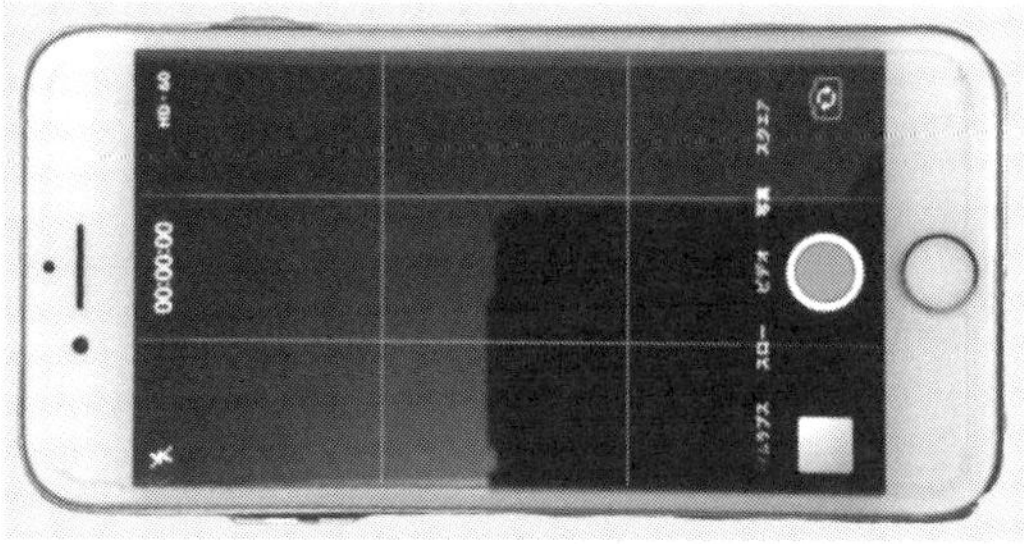

また、自分がカメラのどの位置に映るかによっても、視聴者が受けるあなたの印象というのが変わります。

そういった位置調整や自分とカメラの距離に便利なのが、グリッド線です（上の画像を参照）。

このグリッド線はスマホの設定画面で表示させることが可能です。

iPhoneの場合は、「設定→カメラ→グリッドON」にすると、上の写真にあるタテヨコの線を表示させながら撮影することができます。

Androidの場合も設定画面でグリッド線を出すことができるはずです（お手数ですがAndroidを使用している方は、「お使いの機種名＋グリッド線」と検索して出し方を調べてみてください）。

このグリッド線は三分割法といって、これに合わせて被写体を配置するときれいに撮れるという機能になりま

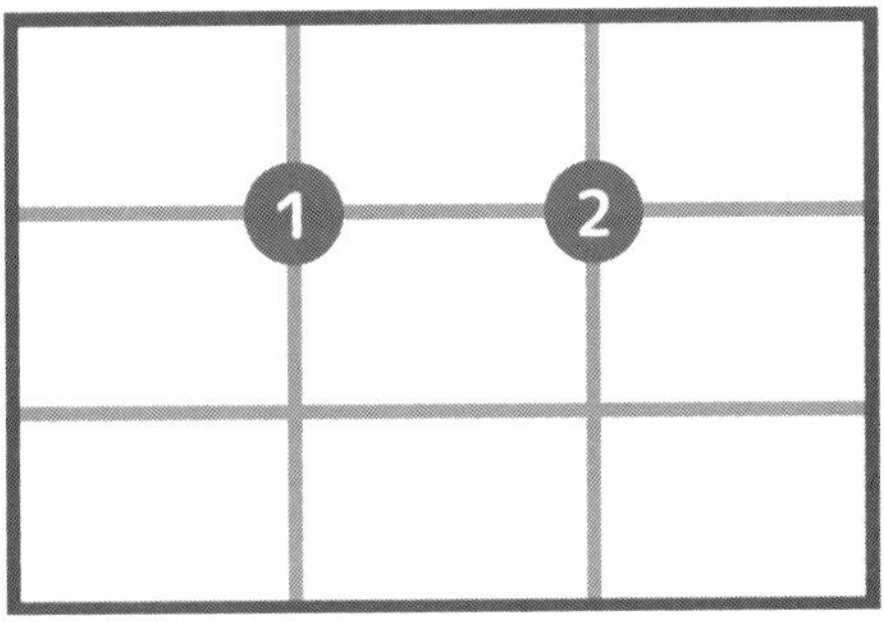

スマホのグリッド線。①、②の位置に自分が映るとバランスが良くなる

す。

そして、このグリッド線は難しく考えずに、グリッド線のライン上に被写体（自分）が配置されるように撮影してみてください。これをするだけで、自分や物を撮影する際にきれいな構図で撮れるようになります（上の画像を参照）。

YouTuber の方が中央に座って話すのをよく見ますが、ビジネス YouTuber の方でホワイトボードなどを使って解説する場合は、自分が②の位置に立って、空いた左側の余白のところでホワイトボードを載せたりするのが一般的です。

なぜなら、動画を視聴している人は左側から情報を読み取るので、そのほうが最初に情報が入りやすく見やすいからです。

もし何か解説するような動画を撮ろうと思っている人は、この構図を思い出して撮影してみてください。

また、最初のうちは距離感もつかみにくいと思いますが、迷ったならバストアップ（胸より上が入る形）で撮影してみましょう。するとアップすぎずちょうど良い距離感で撮影することができます。

◉完璧主義な人ほど気をつけてほしい。撮影するときの3つの心得

①最初は完璧を求めすぎない

さてここからは撮影をしていきますが、撮影の際はあまり完璧を求めすぎないようにしましょう。

撮影で大事なことは、相手にこの動画を観て良かったと価値を感じてもらうことです。そのため自分が動画の際うまくしゃべれなかった、やっぱり背景が気に入らないなど、そういったことは、実はそんなに問題にはなりません。むしろ細かいところばかりを気にして完璧を求めすぎると、撮影がいつまでたっても終えられず、結局動画を上げることができずに終わってしまいかねません。

②時間を決めて撮影する

慣れていない最初の時期は、何度も撮り直ししたくなります。そのため、ある程度の台本を用意して話す内容を決めたら、時間を区切って撮影するようにしましょう。

例えば、撮影時間を30分間としたなら、その時間内で撮影した動画の中からアップする動画を決めてしまうのです。時間を区切っておくと、いつまでも完璧を求めて動画を上げることができない、という事態を防ぐことができます。

③無理して自分を偽る必要はない

動画撮影に慣れていないと、無理にテンション高い状態で撮ってしまったり、変に虚像を作って、「こういう自分じゃないと観てもらえない」と思いがちです。ですが、そうやって無理をするとそんな自分に疲れて動画を継続しにくくなるので、無理に自分を偽るのはやめましょう。

◉これをすれば完成！　動画アップ前の設定

撮影を終えたら自分のスマホに撮影しておいた動画をアップしていくわけですが、その際に動画の詳細設定をしていきましょう。

この設定をしない人も多いのですが、タイトルや説明欄、タグ設定などは再生数を増やすためにとても大切な設定です。

この設定は、パソコン上であればYouTube Studio（https://studio.youtube.com/）の画面から、動画の詳細をクリックすると設定できるようになります。

この画面（上の画像を参照）で大切なのは、

・タイトル
・説明

・タグ

の3つです。どれも大事な項目なので一つずつ解説していきます。

〈タイトルの付け方〉

魅力的なタイトルとは、読者が読んで具体的なイメージが描けるものであり、そのタイトルを見て、「え？　気になる。なんだろう？」と先が観たくなるようなタイトルです。

なんだか難しそうですが、実は方法を知っておけばそんなに難しくありません。以下3つのポイントを用いると魅力的なタイトルができあがるので参考にしてみてください。

①ターゲットのメリット・悩みに響くタイトル

ターゲットが欲している言葉を含むタイトルは、視聴者が観たい！と思うタイトルになります。なのでターゲットになりきって、相手が悩んでいる、相手が欲していることの中から響く言葉を考えてみましょう。

例えば、あなたが30代女性向けにお手頃価格でおしゃれに見える洋服を紹介するチャンネルを運営しているとします。であれば、その30代女性が感じている・欲しているメリットや悩みにフォーカスしてみましょう。

そして、その悩んでいる女性にフォーカスしてみると、その女性はお手頃価格の洋服が欲しいと思っていると同時に、「お手頃価格の洋服で失敗したくない」「価格が安いからといって人からダサいと思われたくない」と思っているかもしれません。

そう仮定するなら「絶対に失敗したくない！」という悩みに届く言葉を入れて「絶対に失敗しない！　1万円以内の激安コーデ」とタイトルをつけてみる、といった流れです。

相手が欲していることがわからない、悩みがわからない、という場合は、ネットで検索してみるといいでしょう。

例えば「洋服選び　自信がない」などとネット検索してみると、他にも「洋服を選ぶのがストレス」などといった悩みがわかります。

また、その動画をアップするということは、何かしら自分の過去に「そんな動画があったらいいのに」と思った出来事や想いがあるはずです。

なので、過去の記憶を思い出して、「こんなことを言われて気になったな」「こんな悩みがあったな」などをノートに書き出してみてください。

ゼロから無理して魅力的なタイトルを生み出そうとしなくても、自分の身近なところに動画のネタ、魅力的なタイトルが隠れています。

②数値を入れるなど具体的にしたタイトル

具体的な数値を入れると明確でわかりやすくなります。

例えば、先ほどの「絶対に失敗しない！　1万円以内の激安コーデ」は1万円という具体的な金額が入っているのでイメージが湧きやすく、「どういうことなんだろう？」と興味がそそられます。

また金額だけでなく年齢や性別を表す形で「30代アラサーが提案する」という言葉を入れて、「絶対に失敗しない！　30代アラサーが提案する1万円以内の激安コーデ」で更に具体的になり、そのターゲットに刺さるタイトルとなります。

また数値を入れておくと、視聴者が事前に準備した状態で情報を聞いてもらえるというメリットもあります。

どういうことかというと、例えば「登録者数を増やす3つのポイント」とタイトルを付けると、視聴者は動画を観る前に「なるほど、登録者数を増やすには3つポイントがあるのね」と準備することができるので、動画の理解が高まるという効果もあります（※さらにタイトルだけではなく、動画の冒頭でも事前に「3つポイントがありますよ」ということを再度伝えてあげると親切です）。

動画への理解が高まると、視聴者にとって良いだけでなく、あなたの動画のいいね評価が多くなるといったことや、他のあなたの動画を観てもらえるといったことにつながります。

③簡単にできそうと思わせるタイトル

動画の内容が「気軽にできそう」と思えるようなタイトルにするのもおすすめです。なぜ簡単にできそうなタイトルを付けたらいいのかというと、視聴者にとって「自分の役に立つ動画か」「自分にもできることか」ということはとても大切な要素だからです。

人は自分に関係すると思うと強く反応します。

なので、ウソにならないなら「1日10分だけでOK!」「100円から始められる」など、時間や金額が手軽なものを入れて、ターゲットが背伸びしないでもできそうなタイトルにしてみましょう。

〈タイトル付けの注意点〉

必ず動画の中身に伴うタイトルをつけるようにしましょう。

動画ではそのような説明をしていないのに、タイトルだけ魅力的だと動画を観た視聴者は低評価ボタンを押す、もしくはすぐに離脱して動画を観るのをやめてしまいます。

さらに深刻なのは、視聴者の信頼を失ってしまうことです。一度信頼を失うと、あなたの動画は二度と観てもらえなくなります。

またタイトルは台本作成についてお伝えしたとおり、基本的に動画を撮る前に決めておくといいでしょう。

動画を撮る前に決めておけば、動画とタイトルで内容が一致するようになります。

〈説明の書き方〉

説明欄は投稿した動画に対して文章で補完する場所です。

ここをうまく活用するとYouTubeSEOに有効的といわれています。先に書き方をお伝えしますが、基本的にはこの項目を入れておくといいでしょう。

①動画で何を話しているか伝える
②チャンネルの説明＋チャンネル登録URL掲載
③おすすめの動画（タイトル＋URL）を掲載
④外部リンク（自身のSNS・ブログの掲載）

①動画で何を話しているか伝える

まず説明欄の最初は、動画で何を話しているのか伝えましょう。

最初に伝えることで、検索で表示されたときに、どんな動画なのか情報を補完してくれるものになります（次ページの画像を参照）

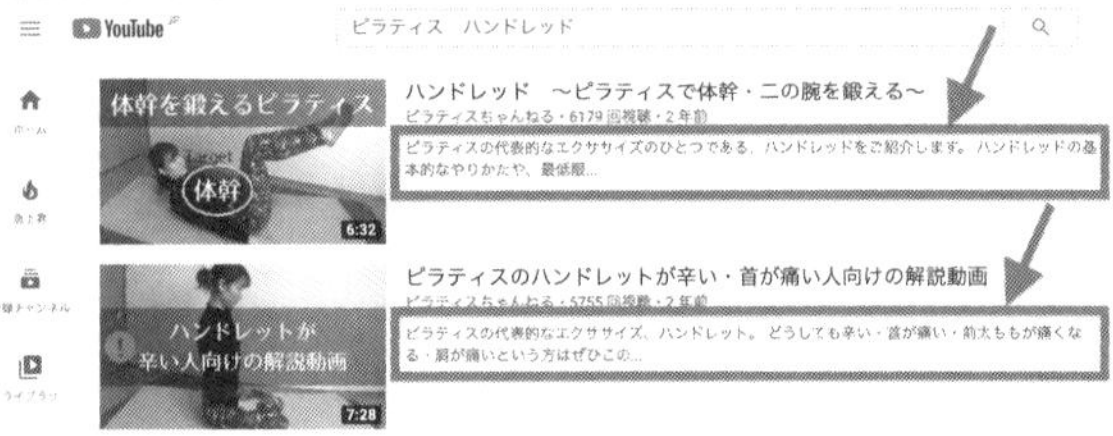

YouTubeで「ピラティスハンドレッド」と検索した画面

視聴者の立場になってみるとわかりますが、この文言は意外と重要で、サムネイル（縮小した動画一覧画像）だけではわからない情報を教えてくれます。

なので、ここで表示される文字数でできる限り「この動画を観たら何がわかるか」端的に解説する必要があります。


上の画像の「ピラティスのハンドレッドが辛い・首が痛い人向けの開設動画」の場合は、

「ピラティスの代表的なエクササイズ、ハンドレッド。どうしても辛い・首が痛い・前太ももが痛くなる・肩が痛いという方はぜひこの解説動画を観てみてください。6つのポイントに分けてわかりやすく解説しています。」

という文言を入れています。


また、この説明欄というのは、YouTubeのSEOにも関係しているので、できれば検索されそうなワードを入れて書いてみましょう。するとYouTubeの検索で上位のほうに表示されやすくなります。

例えば、この動画の場合は、「ピラティス」「ハンドレッド」「首が痛い」というキーワードを狙って上げているので、タイトルにもそのキーワードが含まれていますし、説明欄にもキーワードを含めています。

より細かくいうと、できればそのキーワードは最初のほうに載せたほうがいいと言われています。この動画でいえば「ピラティス」「ハンドレッド」「首が痛い」というワードを自然な形で、なるべく最初のほうに持ってくるのです。

ですが、効果的だからといって無理して前のほうに載せる必要はありません。視聴者にわかりやすい文言で、そしてなるべく自然な文章で重要なキーワードを前のほうに入れる、という感覚で説明するようにしましょう。

②チャンネルの説明＋チャンネル登録ＵＲＬ掲載

次に自分のチャンネルでどんな動画を配信しているかの説明とチャンネル登録ＵＲＬを掲載します。

チャンネル説明では動画全体を通して何を配信しているのか、一文・二文程度で簡単に説明できるのが理想的です。

また、チャンネル説明と一緒にご自身のチャンネルＵＲＬも掲載しましょう。

通常のチャンネルＵＲＬを載せても問題ありませんが、ポップアップでスムーズにチャンネル登録を促せる方法があるので、そちらをご紹介します。

その際にチャンネルＩＤを確認する必要があるので、まずは自分のチャンネルＩＤを確認します。

YouTubeのＴＯＰを開いたら、右上の自分のアイコン画像をクリックして、「チャンネル」を選択しましょう（上の画像を参照）。

ポップアップ表示でチャンネル登録を促す

https://www.youtube.com/

そして、URLを確認しましょう。おそらく左に提示したURLが表示されると思うのですが、「channel/」から「?」の間まで（★〜★の間）が、自分のチャンネルを示すチャンネルIDになります。

https://www.youtube.com/channel/★自分のチャンネルID★?view_as=subscriber

このチャンネルIDが確認できたら、先ほどのURLのview 以下を削除して「sub_confirmation=1」を付け足し、このような形にしてください。

https://www.youtube.com/channel/★自分のチャンネルID★?sub_confirmation=1

このURLをクリックするとポップアップでチャンネル

登録が促せるようになります。

https://www.youtube.com/channel/UCkEiqUMWmSVYSPvLWAyE3Zg?sub_confirmation=1

（→こちらはピラティスちゃんねるへの登録を促すＵＲＬです）

実際にＵＲＬを入力してみると、前ページのような画面になるはずなので、ＵＲＬの作成ができたら自分でも確認してみてください。そして説明欄にはこのＵＲＬを掲載し、チャンネル登録をスムーズにしてもらえるようにしましょう。

③おすすめの動画を掲載する

YouTube の動画をアップしたら、その動画に関連するおすすめの動画を載せていきましょう。

YouTube の視聴者は、できるだけ YouTube 内で完結したいと思っています。なので、視聴者がまだついていないときに、この動画に関連するおすすめ動画を紹介してあげるのはとても効果的です。そのためアップした動画を観る際に役立つ動画や、関係する動画でおすすめのものがあれば掲載しておきましょう。

またこのおすすめ動画を載せることでYouTubeのＳＥＯ対策になります。

おすすめ動画を載せる際は、ＵＲＬだけを載せるのではなく、キーワードが含まれている動画のタイトルも一緒に持ってくる形にして掲載します。

掲載する際はタイトル＋ＵＲＬで掲載する形で、おすすめ動画は多くても５〜６個程度に絞りましょう。

例：「デスクワーク疲れを解消させるストレッチ」の動画に対してであれば、
おすすめ動画は、
・会社でできるデスクワーク疲れ解消10分ストレッチ
https://youtu.be/AAAAA
・座ったままできる超簡単ストレッチ
https://youtu.be/BBBBB
という形です。
この例の場合は、デスクワーク疲れを解消させるストレッチなので、視聴者はデスクワーク疲れを解消したいと思っていると想定できます。そのため、それに沿った動画を紹介する、という形です。

タイトルを載せることでSEO対策にもなるので、タイトル＋URLの形で掲載しましょう。

・いくつかテンプレートを作っておくと手間が省ける

関連動画は毎回その動画に対して関連性が高い動画を選んで載せるのが理想です。ですが、実際のところは意外と手間がかかります。

そんな手間を省きたいという方は、「このパターンの動画ならこのおすすめ動画」というふうに、いくつかパターンを作っておくことをおすすめします。

わたしも実際にいくつかテンプレートを作っておすすめ動画を紹介していました。手を抜いているなと思われたかもしれませんが、意外と手間のかかることなので、ぜひテンプレートを作っておくことをおすすめします。

・おすすめ動画に他の人の動画をあえて持ってくる方法は有効的か？

またおすすめ動画に、あえて他の人の動画を持ってくることでアクセス流入を

関連動画：パソコン表示だとメイン動画の右側に出てくる動画のこと。
スマホの場合はメイン動画の下に表示される

増やす、という方法があります。

現在の自分のチャンネルと同じぐらいのチャンネルの規模（登録者数や再生数などが同程度）の人の動画を持ってくることで、その人の動画が再生されたときに関連動画で自分の動画が表示されやすくするという方法です。（上の画像を参照）。

https://youtu.be/cYKBxa9cMG0

ですが、こちらは個人的にはあまりおすすめしませんし、わたし自身もやっていませんでした。

なぜなら、アクセスを増やす目的のために他の人の動画を紹介するのは不自然だからです。

視聴者の立場になればわかることですが、タイトルなど関連性があっても、本当に関係する動画でなければ不自然だと思いませんか？

また、きちんと動画を精査しないで紹介すると視聴者の信用を失うことにもつながります。

もちろん、本当に参考になる動画であれば視聴者のためにはなるので、優良な動画を紹介するのは良い方法ですが、アクセスを増やす目的のためだけに他の方の動画を掲載するのはやめておきましょう。

④外部リンク（自身のＨＰ・ブログ・ＳＮＳの掲載）

説明欄でも自分のＨＰやブログの掲載をしておきましょう。

おすすめ動画のところでもお伝えしたように、YouTubeの視聴者というのは動画内で完結することを望んでいるので、ＨＰやブログなどの外部リンクまで確認する人というのは、本当にごくわずかです。

ですが、そのごくわずかな人を逃さないためにも、自身の情報はきちんと載せておきましょう。メルマガ等も発行している方は載せておくといいでしょう。

〈タグの設定〉

タグの設定

最後にタグの設定です。

タグは関連動画に表示されるようにするために設定するものです。

イメージしにくいかもしれませんが、このタグ設定をしておくことで、自分と、自分と同じような動画をアップしている人の関連動画に表示されやすくなります（115ページの画像を参照）。

YouTube側に「自分の動画はこんな動画ですよ」というアピールをすることで、関連動画に表示されやすくしようということです（上の画像を参照）。

そこで、他の人の関連動画に表示させるためには、自分の動画がどういったものなのか、自分の動画をキーワードで入力する必要があります。

例えば、ビジネスYouTuber向けのチャンネルを運営している人であれば、動画には毎回「動画」「集客」というタグを入れたり、「ビジネスyoutuber」などのタグを入れます。

このようなタグ（キーワード）入れておくことで、他の「ビジネスyoutuber」や「動画」「集客」のノウハウを配信している動画の関連動画に表示されるようにしているわけです。

そしてもう一つ大事なのが、自分独自のタグを付けることです。

この独自のタグは他の人の関連動画に表示させるためではなく、自分の動画が再生されているときに、関連動画に他の自分の動画が表示されやすくなるようにするために設定します。

独自のタグを入れておくことで、YouTubeから「この動画との関連性が高いんだな」という認識をしてもらえます。

自分の動画が再生されているときに、自分の他の動画が関連動画に表示されるようにするのはとても大切なことです。

もしかしたら「他にもあなたの動画を観たい」と思ってくれている人がいるかもしれないのに、表示されなかったら視聴者は他の動画に移ってしまって、あなたの動画の元には二度と戻ってくれないかもしれないからです。

独自のタグといっても何を入れたらいいの？　と思われるかもしれませんが、

・チャンネル名
・チャンネルＩＤ

のどちらかを入れておけば問題ありません。また他に自分のチャンネルを象徴するような独自のキーワードを入れるのも良いでしょう。

タグの数は全部で多くても15個程度におさめます。それ以上になると多すぎでスパム扱いになる可能性があるので気をつけましょう。

ちなみにわたしは大体10個ぐらいにおさめていて、関連性の高そうなものから順番にタグを設定しています。

レベル２の段階は以上になります。

レベル２では台本作成や撮影の基本を抑えてほしかったので、あえて編集に関しては解説していません。

数分の短い動画で構いませんので、慣れるまで短い動画をアップしてみましょう。まずは、慣れるためにも動画10本アップを目標にしてみてください。

Part 2-3

Level 3
★★★☆☆

視聴者に観てもらえるYouTubeらしい動画を作る

【対象者】撮影にも慣れ、編集技術も身につけたい人

ここからは、YouTubeらしい話し方・撮影テクニックや、最低限抑えておきたい基本の編集方法の解説をしていきます。

【撮影】

◉視聴者を「もっと知りたい！」にさせる「話の展開」方法

レベル2では、

①自分が何者か伝える
②何を話すか1つ上げる
③その理由を話す

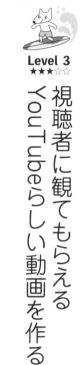

④その話のポイントや注意点
⑤ここまでの話をおさらいする
⑥最後の締めの挨拶をする

という順番でお話ししていただくことに慣れていただきましたが、この段階ではさらにステップアップさせて、この形をベースに視聴者が「この人の動画をもっと観たい！」と思えるような話し方にするポイントをお伝えしていきます。

もちろん、レベル2でお伝えした形だけではダメだというわけではありません。わたしも基本的にはこの形で話しているのですが、これをあまりに充実にこなしてしまうと、YouTubeらしさが一切なくなった、要点を伝えるだけの一方的な動画になってしまうのです。

ここで少し脱線しますが、わたしは当初チャンネルを始めたとき、「要点だけを伝える論理的でわかりやすい動画」を作ればいいと思っていました。

わたし自身はずっと文章を書くことで生きてきた人間だったので、動画においても結論＋理由という構成で展開していけばいいと思っていたのです。

ですが、YouTubeにおいてそれは違いました。

わかりやすく解説しながら自分のキャラクターを出して共感してもらう必要があったのです。ですが、誰が観ているかわからないYouTubeという場に、自分のキャラクターを出したり共感してもらうことに抵抗感がある方もいらっしゃると思います。

ですが、再生数が伸びる動画というのは、単に役立つ動画を発信している動画なのではなく、相手が共感するような動画だったり、自分のとても思い入れがある話をしたりと、とても人間味が出ている動画なのです。

これからの時代、今もそうですが、同じような情報を発信している人はたくさんいます。でも、なぜ数ある動画の中から視聴者はあなたの動画を観るのかというと、「役に立ちそう」という要素もありますが、「その人らしさ」も大きな決め手になるからです。

「なんだかこの人の動画なら観れる」「言っていることが理解できるし、共感できる」そういった気持ちが視聴者を動かします。

ここからはそういった「もっと観たい！」と思われる要素をどう作っていくのか、具体的に3つのポイントに分けてお話ししていきます。

再生時間を伸ばす、登録者数を増やす、そういう要素もありますが、視聴者の方に楽しく観てもらうための工夫だとお考えください。

①共感ポイントを作る

視聴者があなたに共感するポイントを作りましょう。

共感ポイントを作る方法は簡単です。

「なぜこの話をするに至ったのか」自分の体験・想いを話してみればいいのです。

例えばレベル2でとり上げた「登録者数が増える人はここが違う！　台本作成のポイントとは⁉」という動画を撮ろうとした場合、それを話してみようと思った個人的な体験があるはずです。

それは自分が台本なしで動画を撮ってみたらうまく話せなかった、逆に台本を見てしゃべったらすごく違和感があったなど、個人的な体験かもしれません。

でもそういった体験が視聴者の共感を呼びます。

なるべく実体験に基づいたものを話すと視聴者の共感が得やすいので、過去にそのような経験があったら話すようにしましょう。

②相手に問いかける

動画を撮るのに慣れてきたら視聴者に対して問いかけてみてください。

これは人気YouTuberのHIKAKINさんなど、再生数・登録者数が伸びているYouTuberの方がよくやっている方法です。

相手への問いかけは普通の会話だと当たり前のようにやっていることですが、動画になると問いかけることが格段に減るか、全くやらなくなります。

なぜなら実際動画を撮っている本人は、誰もいない、ただのスマホカメラに向かって話しているだけだからです。

ですが、観られる動画配信者というのは、相手に問いかけることで相手を上手に巻き込んでいきます。

次はどうなるの？　わたしをどこに連れて行ってくれるの？　そんな期待感を持たせてくれるのです。

そしてさらに相手が疑問に思いそうなことを「○○だと思いませんか?」「○○にする方法、知ってますか?」と問いかけるようにすると、観ている側はハッとします。なぜなら一方的に動画を聞いているところからいきなり問われ、考えさせられたからです。

また潜在的に思っていた疑問をずばりと指摘されると、この人わたしのことわかってるなと思ってもらえ、その動画の続きがもっと観たくなります。

動画は一方的なツールだと思われがちですが、こうやって一方的にせず巻き込んでいけるかどうか、ここが観られる動画と、そうでない動画のが分かれ目なのです。

そして、人を巻き込むことが上手な人ほど、視聴者がハッとするような問いかけをしています。

というより「この人の言葉にハッとする」というような問いかけをしないと視聴者は「この人わたし(視聴者)のことわかってないな」と思われてしまいます。

なんだかちょっと難しそうですが、最初は「皆さんはどう思いますか?」などの簡単な問いかけから始めてみてください。

動画に対して問いかけることに慣れてくると、会話の途中で自然に視聴者に向かって問いかけることができるようになります。

そして少しずつ相手に寄り添った問いかけができるようになります。

特にこれは正解・間違いはないので、視聴者にここで考えて欲しいな、と思うところで使ってみてください。

相手に寄り添えるような問いかけができるようになればなるほど、動画は一方的なツールではなくなっていきます。そして視聴者は自分ごととして動画を観るようになり、視聴者の学びにもつながります。

そして、その視聴者はまたあなたの動画を求めてやってくるようになります。

ポイントは相手の気持ちに寄り添うことです。

③最初に結論は言いすぎない

話すことが中心になる動画においては、最初に結論を言いすぎないようにしましょう。なぜなら最初に結論を言ってしまうと、答えを知ってしまった視聴者は数十秒で動画を観るのをやめてしまうからです。

結論を早く知りたい、という視聴者にとっては結論を最初に言ってもらうことはありがたいことです。ですが、結論のみ答えるというのは、代替がききます。他の人でもできてしまうのです。よくあるキュレーションサイトと同じです。だから「先を見ないと結論づけられない構成」にする必要があります。


でも、ここで一つ疑問が浮かびます。

「それって視聴者には不親切なんじゃないか?」「時間がない人は最初に結論を知りたいのではないか?」と。

でもテレビ番組を思い出してもらえれば理解できます。テレビでは結論を最初に伝えないですよね。

例えば「風邪に効果的な野菜とは?」という番組テーマだとしたら、最初に「にんじんです」なんて何がなんでも言いません。というか最初に答えがわかってしまったのでは、その先を観る興味が失われます。

視聴者にとって時間が短縮されて良いことかもしれませんが、視聴者は番組を観ること自体を楽しむという一面もあります。

そして本書を読んでいる方には、その野菜（役に立つ情報）も知りたいけれど、その番組を楽しみたいという視聴者の人に集まってほしいと思っています。


さらにもっと深掘りしていくと、実は役に立つ情報など、普通の意外性のない答えでも全く問題ない、ということになります。

よくよく考えると風邪に効く野菜がにんじんだなんて、あまりにも当たり前ですが、結論を言う前に、お医者さんの学術的な根拠があったり、にんじんによって風邪が一気に治ったりした事例（ストーリー）が面白かったら、ただのにんじんがすごく素敵なものに見えてしまうのです。

なので、実は役に立つ情報は平凡でも、話し方を工夫して期待感を高めたら動画は爆発的ヒットを遂げます。

ですが、これを言いすぎてしまうと、話し方だけ鍛えてめちゃくちゃ平凡なことをすごい話術で話す人が出そうなので、あくまでも例として捉えてください。

こういった理由で、結論は先にはっきりと言いすぎないことをおすすめします。

これはなかなか難しいと感じるかもしれませんが、要するにこれから話すことをサラッと一言で話せばいいだけです。

例えばレベル2でお話しした台本作成のポイントの事例では、「今回は台本作成のポイントについてお話をしていきます」と話すだけで、この時点ではっきりとそのポイントの中身を話していません。

逆に結論を言いすぎてしまっているパターンは、動画の冒頭で、「結論を言ってしまいますが、台本作成のポイントは1つのテーマに絞ること、そしてポイントは5つあって1つ目が○○、2つ目が○○……（全て話してしまう）」のような動画です。

これは結論を100%、ほぼ全ての答えを言ってしまっています。

先ほどの例だと「にんじんです」と言ってしまっているわけです。

もちろんこの結論を話しすぎない、というのもケースバイケースです。

あなたが、仕事の合間にちょっとした動画を撮りたい、1分程度で要点を伝えたい、という場合は結論を先に言うのは親切でしょう。

ですが、5分を超えるような動画の場合は、最初に結論を全て言ってしまうと相手の動画を観る気を確実に削ぎます。

あくまで視聴者に楽しんでもらうには、という視点に立ってこの技を使うようにしてください。


さて、今回の要点を交えて、レベル2で書いた「登録者数が増える人はここが違う！　台本作成のポイントとは⁉」を、今回のポイントを付け加えた台本を書きましたので参考にしてください。


こんにちは、いとうめぐみです。

皆さんは動画を撮る際、台本を作っていますか？……というわけで、今回は台本作成のポイントについてお話をしていきます。

実はわたし、最初は皆さんに「そもそも台本を作る必要はない！」ってお伝えしようと思っていました。なぜなら台本がなくてもそれなりにわかりやすい動画は撮れるからです。

でも実際台本があるのとないのとでは、視聴者の反応が全く異なるなと思いました。

そして実際に台本作成をしてみると、うまくいく台本作成には共通するポイントがあることに気がつきました。そこで、今回はそれをお話ししてみようと思ってこの動画を撮っています。

さて、では早速実際に最初に台本を作る際のポイントなのですが……（省略）。

いかがでしたでしょうか？　台本をしっかり作ることによって、素人でも伝わる動画は作ることができます。ぜひ今日から動画を撮る際には台本を作ってみてくださいね。

もしこの動画が良かったなと思った方はチャンネル登録をお願いします。

観ていただきありがとうございました。ではまた！


これはほんの一例です。わたしならもっと上手に作れる！　という方もいらっしゃるでしょう。なので、ぜひ自分なりの視聴者を楽しませる工夫を取り入れてみてください。

◉動画の最適な長さとは？　初心者は長くても10分以内に

ここからは動画の最適な長さについてお話ししていきます。

「動画はどれぐらいの長さで撮るのがいいですか？」というのは結構聞かれる質問です。

ここで敢えてはっきりと言っておきますが、チャンネルを始めた初期段階では、視聴者はあなたに興味は一切ないと思ってください。

始めたばかりの最初の段階というのは、視聴者は動画を観て自分の悩みを解決したり、役立つ情報を手に入れたいのであって、あなたに興味はないのです。

そのため、最初のうちは5分から長くても10分以内で、視聴者にわかりやすい動画を撮ることをおすすめしています。

また、他にも理由があって動画を始めたばかりというのは、動画で話すということに慣れていないために要点がバラつきやすいというのがあります。

なので、不必要な話をダラダラ話して視聴者を飽きさせてしまうなら、限られた時間の中で端的に話せるように話す訓練をしておきましょう。

そうは言っても、ネットでYouTubeのことを調べると「YouTube動画は視聴時間を長くするために動画の長さは長ければ長いほどいい」という意見も目にします。

ここで知っておいてほしいのは、YouTube運営側の考え方と自分の配信レベルを踏まえた上の視聴者の気持ちです。

まずYouTube運営側の考えについてお話しします。

YouTube側からしてみると長い動画を視聴者に観てもらえれば観てもらえるほど運営が潤います。

これはよくよく考えればわかることですが、視聴時間が長いということはその視聴者がYouTubeにずっと滞在してくれていることを意味し、広告収益に繋がります。だからYouTube運営側の立場から考えると、動画は長ければ長いほど良い、ということになります。

次に自分の配信レベルを踏まえた視聴者の気持ちについて考えてみましょう。

自分の配信レベルは純粋にあなたのチャンネルの規模について考えてみてくだ

さい。

登録者数の数はいくつですか？　もしここであなたがまだ登録者数100人程度の規模であるならば、視聴者は動画には興味をもっていますが、視聴者はあなた自身にほとんど興味はないと考えてください。

そのためこの段階では、あなたの視点でとにかく相手の役に立つ情報をわかりやすく、明快に伝えることがとても大切です。

だから初期段階では10分以内、もっと短く5分程度で伝える必要があります。

ですが、あなたに視聴者がついてくると話が変わってきます。視聴者の興味が動画からあなたに変わってくるからです。

すると10分以上の動画を配信する価値が出てきます。

視聴者が望んでいるからです。


そしてこの2つを踏まえた上で、今の自分のチャンネルにふさわしい動画の長さを考えます。

視聴者はどれぐらいの長さの動画を求めているでしょうか？　あなたの登録者

の数は？　観ている人はどんな人？　観ている人は忙しいビジネスマンでしょうか？　だとしたら長い動画は求めていないかもしれません。ですが休日には時間が取れてむしろ長い動画を観たいと思っているかもしれません。

もしかしたら、あなたの視聴者はあなたの個人的な話も聞きたがっているかもしれません。そうであれば、日頃は役立つ情報をわかりやすくに伝えつつ、長い動画を配信してもいいでしょう。時には雑談動画をやってもいいかと思います。

こういった視点を持っていると、動画の長さの他にもどんな動画をアップしたらいいかなどの流行のノウハウに動じなくなります。

動画の最適な長さや最適なコンテンツはYouTube運営側・自分の運営レベルを踏まえた上で、視聴者の気持ちや要望に答えがあるからです。

そのため配信に慣れてきたらいろいろテストしてみるといいでしょう。

例えば通常の配信時間は10分程度だけど、たまに20分の動画を出したら評判がいいかもしれません。もしかしたらあなたのターゲットは忙しすぎて5分程度の動画を毎日配信したほうが喜ぶかもしれません。

今後のためにかなり細かくお伝えしましたが、動画配信の初期段階でいえば、できれば5分～10分以内に留めることを覚えておけば大丈夫です。

そして今後、視聴者数が伸びていって、動画の長さを変えてみようかなと思ったときに「とりあえずいろいろノウハウもあるけど、自分の配信レベルを踏まえた視聴者の気持ちを一番に考えた動画の長さにするって言っていたなぁ」と思い出してください。

◉わかりやすい動画を撮りたいなら「1テーマ・1動画」が鉄則

レベル2の台本作成の際に、1つのテーマに絞ってお話ししましょうとお伝えしました。

たまに最初から「雑談」という形でいろんな話をする方がいますが、わたしは基本的に1つの動画に対して1テーマをおすすめしています。

テーマを1つに絞る理由は3つあって、まず第一にテーマを絞らないと話がバラつきやすいというのがあります。

実際に動画撮影をしてみるとわかりますが、カメラに向かって話しかけるというのはかなり特殊な環境です。そのためたくさんのテーマを扱っていると、少しずつテーマがずれたり、軸がぶれて話がわかりにくくなります。

目の前に相手が存在しないので反応がわからず、話していて実感がつかみにくいからです。


2つ目の理由としては、一度にいくつもテーマを扱うと、視聴者側が混乱するというのがあります。

自分にとっては当たり前の技術や知識だとしても、相手にとっては初めての情報だったり、聞き慣れない情報の場合、たくさんの情報を上げすぎると理解しきれないからです。


3つ目の理由としては、SEO効果を狙うためというのがあります。

例えばわたしが「初心者向け！　動画編集のやり方とサムネイル作成方法」と

いう2つのテーマを取り入れた動画を上げるとしたら、キーワードとしては「動画編集」「サムネイル」の2つになります。

ですが、基本的に検索するときは、両者を一緒に検索する人はかなり限られます。検索するとしたら「動画編集　やり方」や「サムネイル　作成方法」になるのです。

だとしたら「初心者向け！　動画編集のやり方」の方がキーワード的にもいいし、撮影の中身もより詳しく編集のやり方について話すことができて専門性も上がります。

たまに1テーマ1つだといろんな要素が話せない、話すことが短すぎる、と思う人もいますが、例えば「YouTubeを編集をする際の5つのポイント」という形でまとめれば1テーマ1つになります。

また事前に5つのポイント、とお話しすることで相手も聞く準備ができるので、視聴者の理解も進みやすくなります。

こういった理由で1テーマ1個に絞ることをおすすめしています。

特に初心者の方はテーマを1つに絞ったほうが相手に伝わりやすいので、1

テーマ・動画で撮影してみてください。

◉最初の10秒が大事！ 視聴者の心をつかむアクション

動画を撮る際にとても大切なのは「出だし10秒」です。

なぜなら、ほとんどの人がYouTube動画を観ていて最初の10秒もたたないうちに「観るか観ないか」を決めているからです。

この10秒というのは、わたしの個人的な感覚に基づいていますが、実際にYouTube公式ヘルプでも、「どの動画でも最初の15秒間に注意する必要があります。再生をやめる視聴者が最も多いのがこのタイミングです。」という表記があります（引用：https://support.google.com/youtube/answer/9314415?hl=ja）。

YouTube側は15秒と言っていますが、わたしは忙しい人やすぐに答えをほしがっている人はもっと短いと感じていて、それが大体10秒ぐらいだと思っています。

その10秒の内に、「役に立ちそうな情報なのか」や「相手からの雰囲気」など非言語の部分から自分が時間をかけて観るに値する動画かどうかを読み取っています。

そこで、この大事な最初の10秒をどう魅せるか。一般的なYouTuberは独自の挨拶を入れたり、相手を惹きつけるようなアクションを起こします。

ですが、ビジネスYouTuberの方が、エンタメ系のYouTuberのように面白いアクションを起こすのは職業イメージを損なう恐れがあります。

では何をしたらいいか、いくつか方法があるのですが、一つの方法として「笑顔を作る」ということをおすすめしています。

これはわたし自身が実践している方法ですが、動画を撮る際には最初の段階で自分の一番の笑顔を作ってから撮影するようにしています。

なぜなら、表情が乏しい人の動画は観ていてつまらないと思い、逆に表情豊かな人の動画は観ていてとても面白いと感じたからです。

実際、いろんな動画を観ていただけるとわかりますが、変化がない動画というのはあまり面白くないものです。だから笑顔で動画を始めることを提案しています。

ただ無理して笑顔を作る必要もなく、自分の無理のない範囲で、自分がどうありたいかというのを基準に考えてみてください。

すると、人によっては笑顔ではなく、身振り手振りかもしれませんし、もしかしたら逆に無表情キャラが自分に合っているという結論になるかもしれません。

すると出だしではテロップを入れて、これから何を伝えるか出だしで伝えるだけにしよう、という選択もありえます。


このように、出だし10秒で何をするかというのは人によって様々で、惹きつけることも大事ですが、無理に面白くする必要もないことがわかります。

なぜなら、自分がこれだったら好かれるであろうというキャラクターを装いすぎると、動画を撮るのが億劫になるからです。

そのためあえて何もしないのもひとつの手です。

ですが、視聴者に楽しく動画を観てもらいたいと思うのであれば、笑顔を取り入れたり、何か自分なりのアクションを入れてみたりと、何かしら視聴者の心をつかむアクションを無理のない範囲で取り入れていただきたいと思います。

関連動画はメイン動画の右横に表示される動画のこと

◉視聴者に「やってほしいアクション」は必ず伝える

動画においてはやってほしいアクションは、動画内で視聴者に口に出してお願いしましょう。

これにはいくつか理由があって、まずYouTubeを観ている人は、動画で完結させようという意識が強いというのがあります。

そのため、説明欄にリンクが貼ってあるのはいいけれど、観てくれる人はごくわずかです。そのため本当に観てほしいなら動画の中で「リンク先を見てね！」と言って誘導する必要があります。

また、もう一つ、YouTubeの視聴者は「なんとなく動画を観ている」というのがあります。

これはなぜなのか裏側を話すとよくわかるのです

ブラウジングは「あなたへのおすすめ」で表示される動画のこと

が、YouTubeというのはYouTubeのアルゴリズムに乗ると、関連動画やブラウジングという機能から動画をおすすめされてくる人が大体7～8割を占めるようになります（前ページの画像を参照）。

https://youtu.be/cYKBxa9cMG0

ブラウジングは上の画像を参照。

https://www.youtube.com/

本来、HPやブログであればGoogleから検索で来る、SNS経由で来る、というのが一般的ですが、YouTubeの場合はYouTubeの検索から来る人はかなり少なくて、ほとんどの人がYouTubeの関連動画やブラウジングから来ます。

この関連動画とブラウジングというのは、視聴者の視聴している動画の傾向に合わせて「あなたにはこの動画がおすすめですよ」というYouTube側が機械的に判断して表示させているものになります。

これはどういうことかというと、もし視聴者がGoogle検索からやって来るのであれば、目的意識があります。

例えば動画の編集方法を知りたかったら検索窓に「動画　編集　やり方」と入力して自分の選択のもとに、一つの動画にたどり着きます。

ですが、関連動画やブラウジングで、いわばYouTube側からおすすめする形で出てきた動画を観ている、ということは、「なんだか役に立ちそうな動画だから観ている」「目を引いたから観てみる」そんな状態なのです。

ということは、視聴にはあまり目的意識はありません。

言い方は悪いですが、かなりボーッと観ている可能性もあります。

であればどうするか。配信者がやることは、視聴者にはやってほしいアクションは動画内でしっかりと伝えることです。

特に言ってほしいことは「いいね（高評価）ボタンのクリックお願いします」と「チャンネル登録お願いします」です。

チャンネル登録の催促はなんとなく理解できますが、いいねボタンはなぜ押される必要があるのか、と思う方もいると思います。

なぜ必要かというと、いいねの数が多い動画ほどYouTube側が良い動画とみなし、ブラウジングで表示される回数を増やせるからです。そのため、いいねボタンの数はとても重要な要素になります。

実際、登録者数の多いYouTuberはこの動画で伝えるということをしっかりとこなしています。

例えば有名なHIKAKINさんは、動画の早い段階で「いいねクリックお願いします」と伝えたり、動画の最後には「チャンネル登録お願いします」と伝えています。ですが、基本的に最後まで動画を観てくれる視聴者は少ないので、最近では動画の序盤でいいねボタンの催促する人が増えています。

なので、まずはいいねボタンとチャンネル登録の催促から始めてみましょう。

ただ、動画で「いいねボタンを押してください」と伝えたり、「チャンネル登録お願いします」と催促するのに抵抗がある方がいるかもしれません。

わたしも当初は「なんだか押し付けがましい」と思い抵抗がありました。ですがYouTubeを観ている視聴者はほとんどが動画で完結させたがっています。だからこそ、やってほしいアクションを動画の中で伝える必要があります。

もちろん本当に相手の役に立つ良い動画だったら、視聴者は言われずともいいねボタンを押してくれますし、登録もしてくれます。

ですが、YouTube視聴者のほとんどは無料で受け取ることに慣れているので、役に立つ情報を得たから絶対いいねボタンを押すとは限りません。

むしろYouTubeでいいねを催促されなければ、いいねボタンの存在を知らないという人も多いのです。そのため、いいねボタンを催促するのとしないのとでは、いいねの数が違ってきます。

そのため登録者数を伸ばしたかったり、再生数を伸ばしたいのであれば、このような視聴者の意識状態を理解し、きちんと自分のしてほしいことを動画内で伝えるようにしましょう。

◉口下手さんは細切れ撮影で賢く撮影しよう

しゃべりが苦手な人は、話に区切りがついた段階で区切って何度かに分けて撮影することをおすすめします。

人によってはYouTube動画は10分の動画だったら10分の動画を一気に撮っていると思っているかもしれませんが、実はそうでもありません。

一気に話す人もいますが、YouTubeでは編集ができるので長い動画になったときは区切って撮影する人がほとんどです。

例えば、10分程度の動画を撮るとしたら、3つに分けて話したり、本編で5つのポイントを話したいけど一気に話せそうもなかったら、1ポイントずつ区切って話すといったようなことをします。

特に動画は長くなればなるほど相手に要点が伝わりにくくなります。そのため、一気に全てを話せそうにないときは、何度かに分けて細切れに動画を撮ってみてください。

細切れに撮影すると「カット」と「動画をくっつける」といった作業が必要に

なりますが、その程度であればとても簡単にできます。

この後、わたしがおすすめしている動画編集ソフトでのカットとつなげるやり方を解説していますので、そちらも参考にしてみてください。

【編集】

◉初心者でも操作簡単でおしゃれな動画が作れる編集ソフト

さて、いよいよ編集に取り掛かっていきます。

今巻には様々な編集ソフトがありますが、その中でも初心者の方におすすめなのは Wondershare の Filmora（フィモーラ）という動画編集ソフトです。

過去のわたしは動画編集など一切行ったことがなく、ましてや自分のパソコンで編集ができるとは思ってもみなかったレベルなのですが、この動画ソフトはそんな全くの初心者の人にも操作のしやすい初心者向けの動画編集ソフトです。

素人でもすぐに理解できる直感的な操作性がいちばんの魅力ですが、オシャレな素材が多いこと、価格が安いということでおすすめしています（次ページの画像を参照）

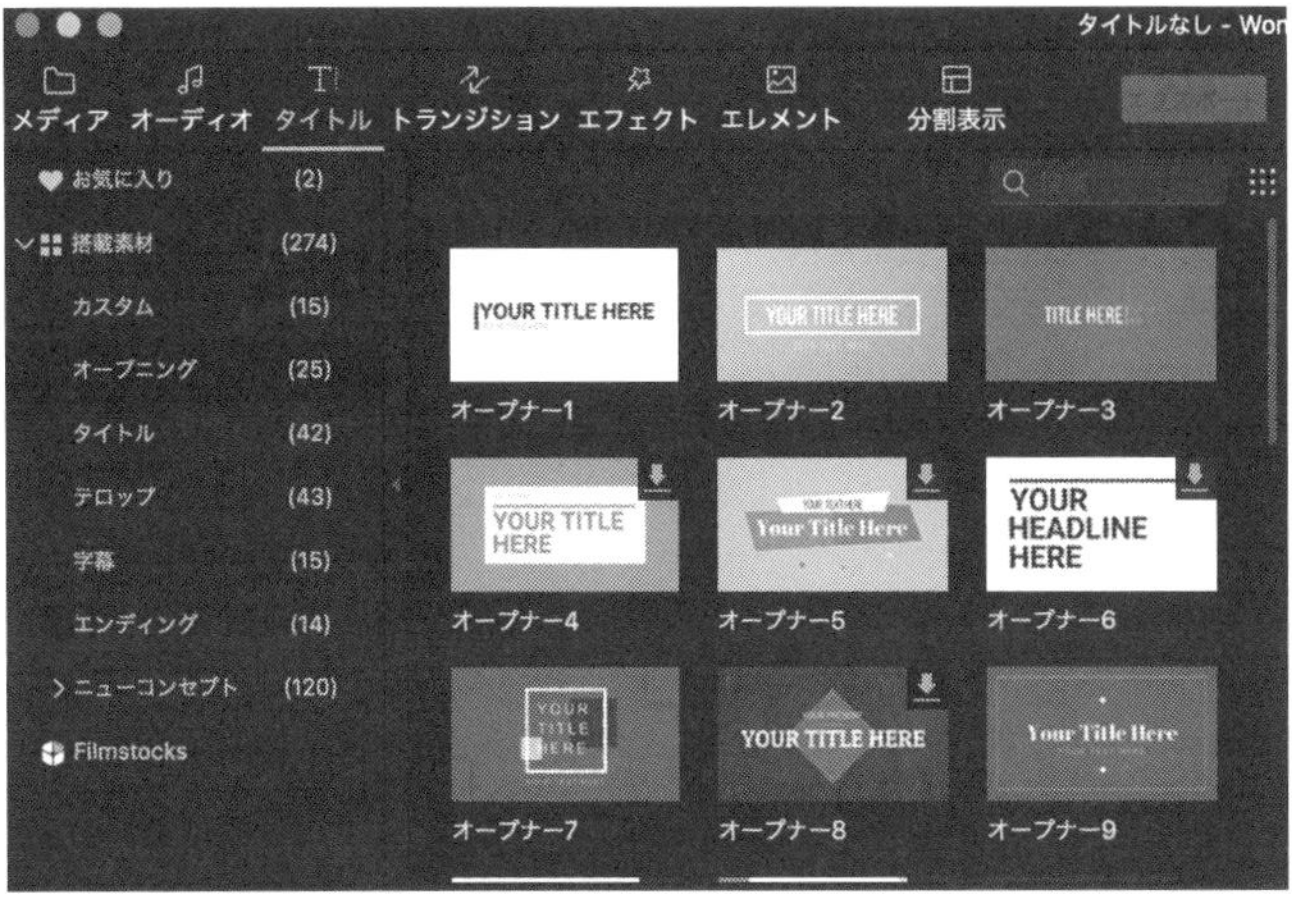

Filmora に搭載されている動画素材。自由に使うことができる

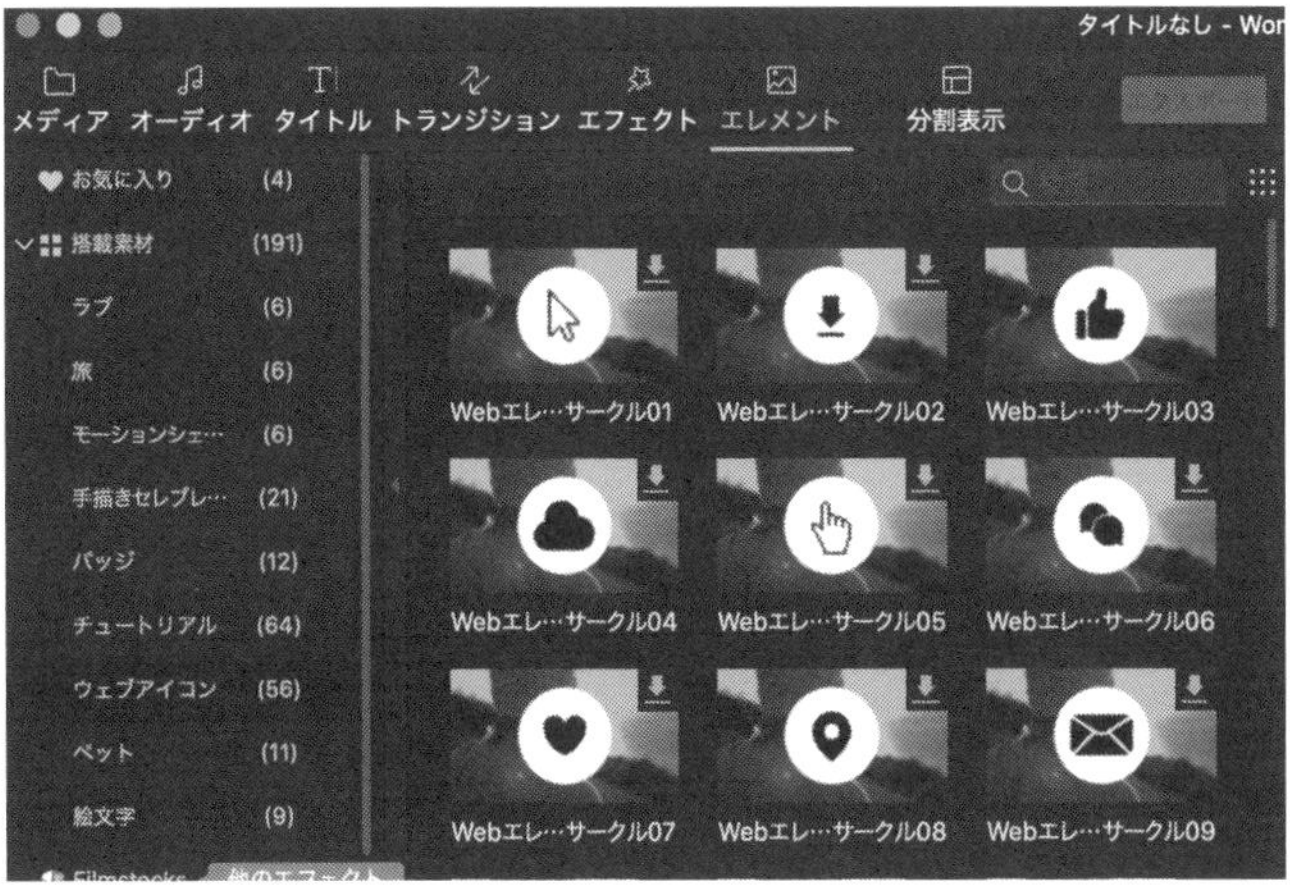

ポイントを伝えるときに便利なエレメント。オシャレな素材が魅力

価格が安いといいましたが、Filmora本体に関しては、実は無料で利用できます。ただし有料版を購入しないと、YouTubeにアップロードする際に「Filmora」というロゴが入ってしまいます。

有料版をご購入される場合は、個人の方や個人事業主の方であれば、ライフタイムプラン8980円（税込）を、法人として登録されている方であればライフタイムビジネスプラン1万4900円（税込）で、ロゴなしで利用することができます（価格は2020年4月13日現在）。

動画編集ソフトはAdobeのソフトなど本格的なものになると1万円台後半、高いものだと3万円台のものもあるので、それに比べると「Filmora」はかなりお買い得です。

ただ、実際に使ってみないと自分に合っているのかわからないので、Filmoraを一度無料ダウンロードして使い勝手を試してから購入してみてください。

もし有料版を購入することに抵抗がある方は、パソコンに元から備え付けられている動画編集ソフトを使ってみましょう。

WindowsであればMovie Makerを、MacであればiMovieです。

どちらも本書で後ほど解説する編集レベルであれば充分に対応可能です。

また最近ではスマホアプリでも動画編集が可能なものが出ています。

本書ではスマホ撮影を推奨していますので、そのままスマホで動画編集してアップロードする、というのもいいでしょう。

ちなみに、なぜわたしがパソコンに元から備えられている動画編集ソフトやスマホアプリを使わないのかというと、Filmoraが思った以上に使いやすい、オシャレな素材が多い、そしてスマホではなくパソコンの大きな画面での編集を行いたかったからです。

また、実際に使ってみてわかりましたが、動画編集はデータが大きくなりやすいので動作が重くなるからです。そのためデータ容量に余裕のあるパソコンで作業したほうがストレスなくできます。

ただ、お持ちのパソコンが古い場合やパソコンのデータ容量に余裕がないと動作が重くなるので、一度動画編集ソフトを立ち上げて使えるかどうか確認してみたり、外付けハードディスクを取り入れたりするなど動画編集ができる環境を整えてから編集に取りかかるようにしましょう。

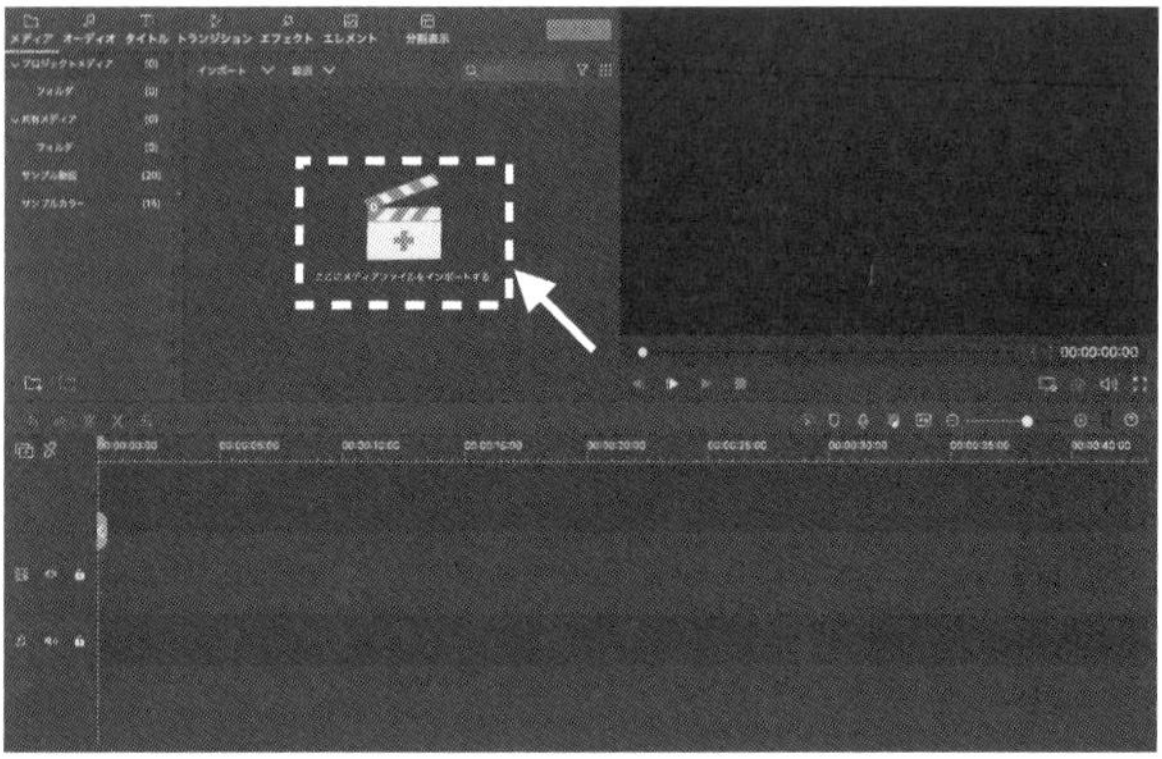

Filmora の編集画面 TOP

◉手間をかけすぎない最低限の編集
「カット・つなげる・BGM」

これから編集に取り組んでいこうと考えている人は、まずは動画同士を「カット・つなげる・BGM」から始めましょう。

これらは本当にとても簡単で、編集を全くやったことがない人でもすぐにできるようになります。それぞれFilmoraの画面で解説しますので、参考にしてみてください。

〈1つの動画をカットする方法〉

Filmoraの編集画面TOPは上のような画面になっています（上の画像を参照）。

動画を編集したい、となった場合は、パソ

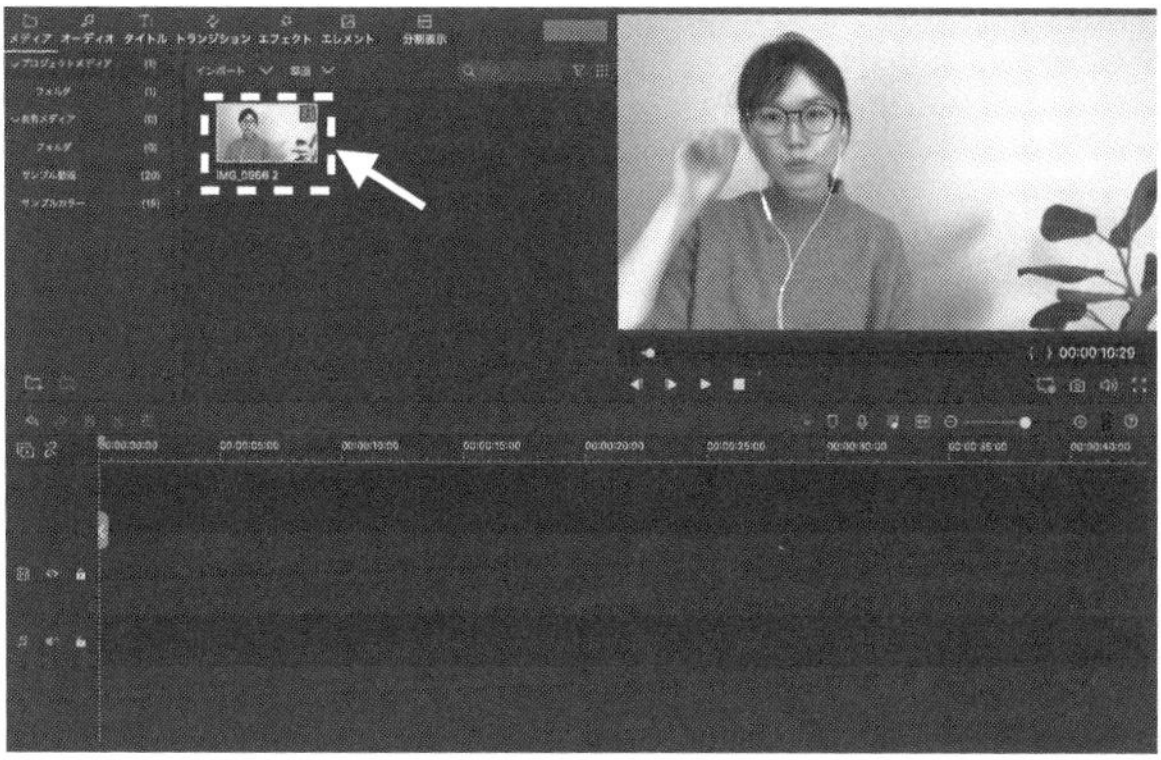

Filmora に動画を取り込んだ状態の画面

コン上にある動画をまずは Filmora の中に取り込む必要があります。

なので、まずは Filmora 上につなげたい動画をアップロードします。

「ここにメディアファイルをインポートする」のところをクリックすると動画をアップすることができるので、そこからデータを読み込みます。

すると、上のような形で自分の指示した動画が表示されるようになります（上の画像を参照）。

このように表示されたら、ドラッグして下のビデオマークが並んでいるところに00：00：00に合わせる形で動画を持ってきます。

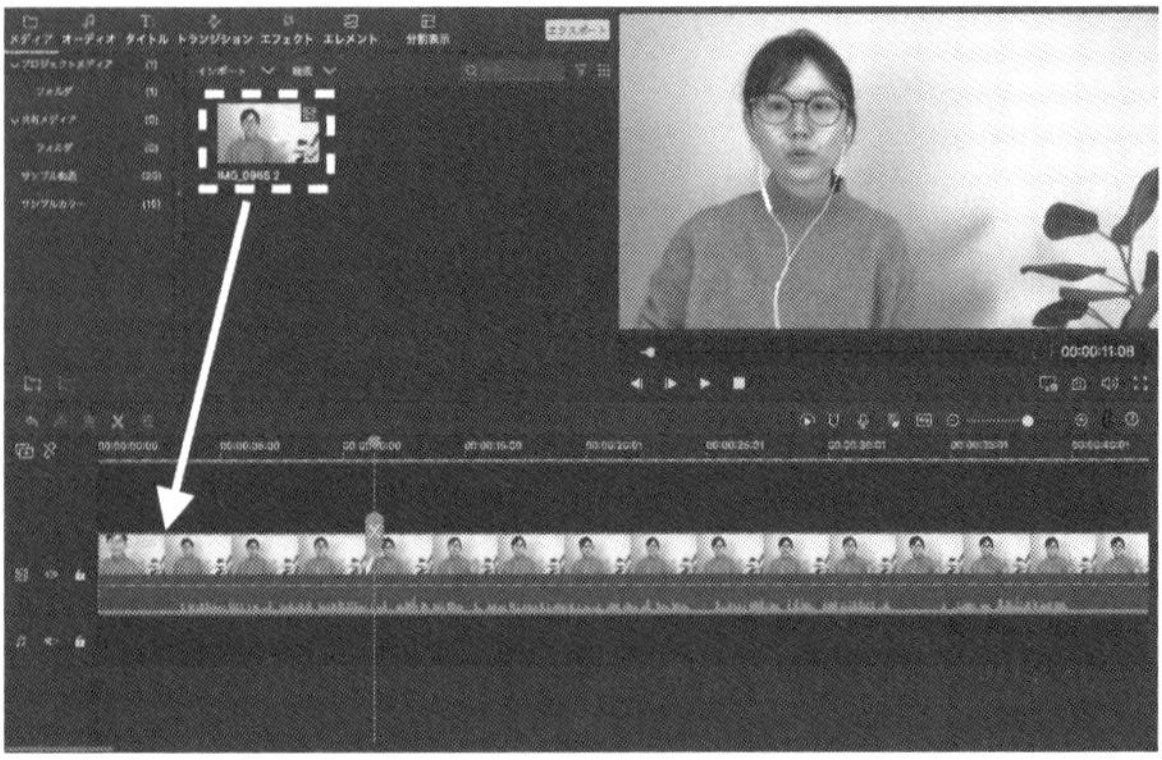
取り込んだ動画を下のタイムラインにドラッグ移動させる

動画の編集はこのタイムラインと言われるところで行う形になります（上の画像を参照）。

ようやくここからカット作業に入るのですが、カットをするためには、まず動画を分割する必要があります。カットしたい動画のところに赤い棒をドラッグして持ってきて、ハサミボタンをクリックすると一ヶ所目のカットができます（赤いボタンの上にあるハサミボタンクリックすることで動画のカットも可能です）。

カットができているとカットしたところが青い線で区切られるので目視で確認してみましょう（次ページ上の画像を参照）。

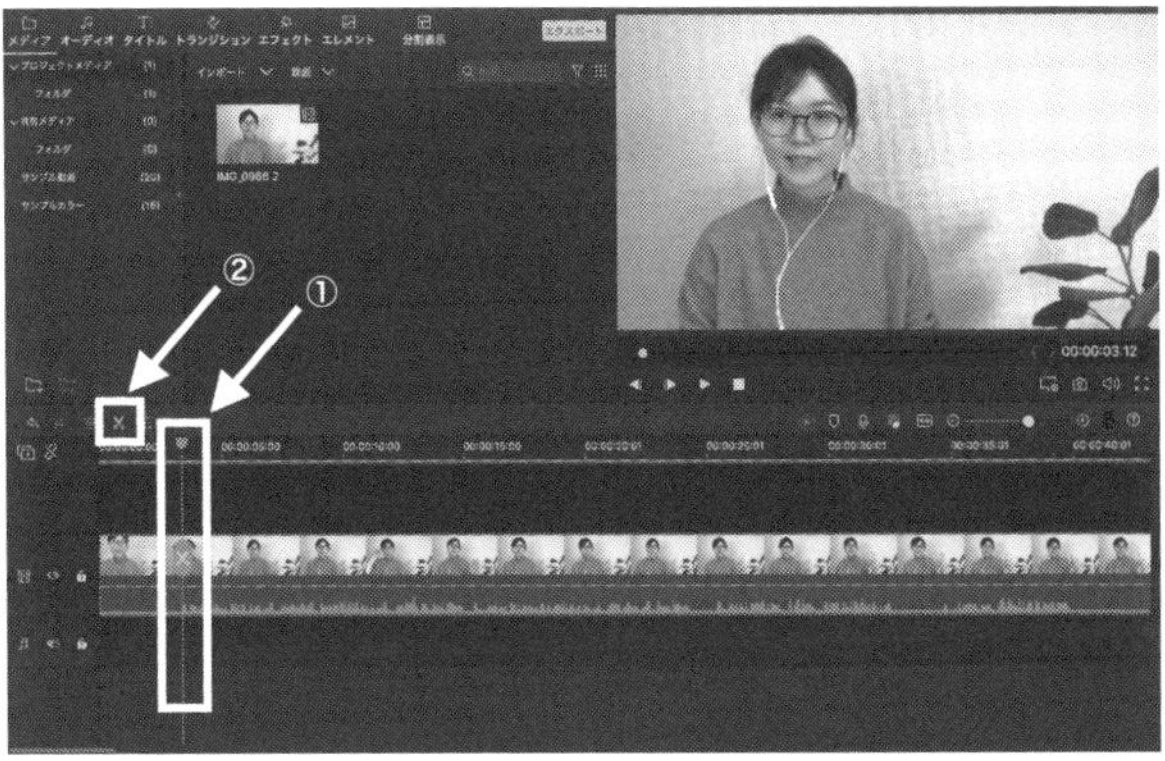

まずはカットしたい 1 か所目を指定し、ハサミ機能でカットする

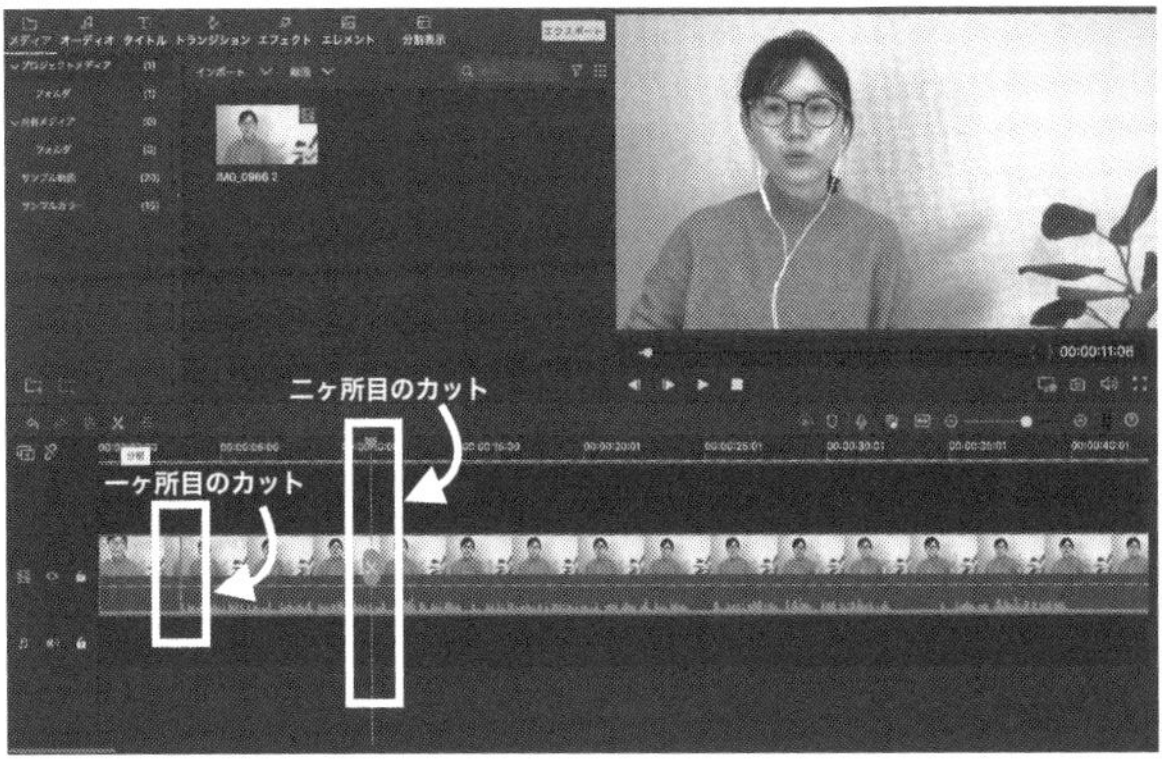

次に 2 か所目をカットする

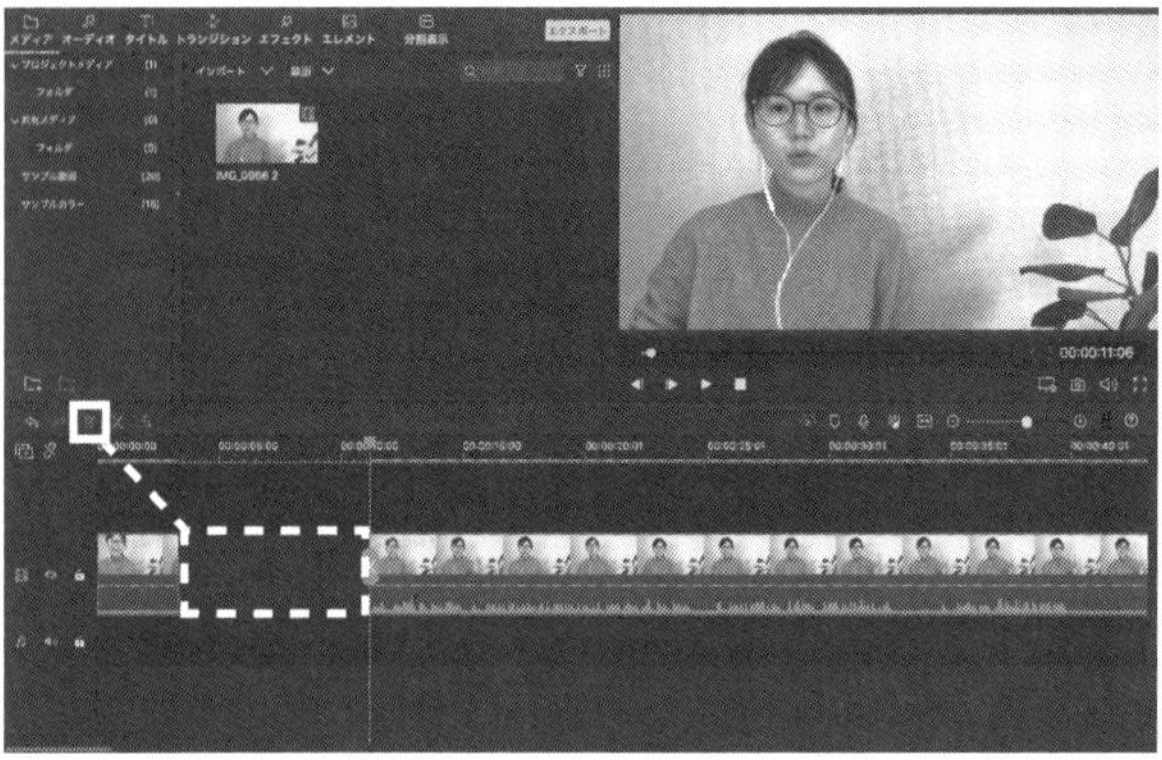

空いた空間に残りの動画をドラッグして持ってくることで動画がつながる

次に、カットしたい終わりの部分にもう一度赤い棒をドラックして持ってきて、ハサミボタンをクリックすると分割することができます（前ページ下の画像を参照）。

そして分割できたら、消したい動画の部分をクリックして、ゴミ箱ボタン、もしくはキーボード上の delete ボタンをクリックします（上の画像を参照）。

これでいらない部分のカットは完了します。このように Filmora においては一度分割作業をしてからいらない部分のカット（削除）をすることができます。

編集をするのであれば、面白い効果音をつ

けることよりも、まずは無駄な部分をカットすることをおすすめします。

なぜなら、話の趣旨から関係ない話をしてしまうと相手が退屈に感じてしまい、動画から離脱してしまう可能性が高くなるからです。

必要以上に説明が長い動画や、「えー」「あー」などが続くつなぎ言葉が多い動画、「待っててくださいね」と言って配信者が何かを準備している間の待ち時間などなど、このようなムダな時間は相手を退屈にさせてしまいます。

もちろん、あなたが雑談動画などのフリートークを楽しむ場合や、すでにファンがついている場合は、そういったテイストの動画がむしろ好まれることもありますが、ビジネスYouTuberの方が何かを説明する動画では「必要ないな」と思うところはできるだけカットしていきましょう。

〈複数の動画をつなげる方法〉

細切れに動画を撮影したときに、つなげる方法をご紹介します。

カットで説明したときと同様に、まずはつなげたいと思う動画をFilmora上にアップします。今回は2つの動画をつなげたいので、2つ動画をアップしていま

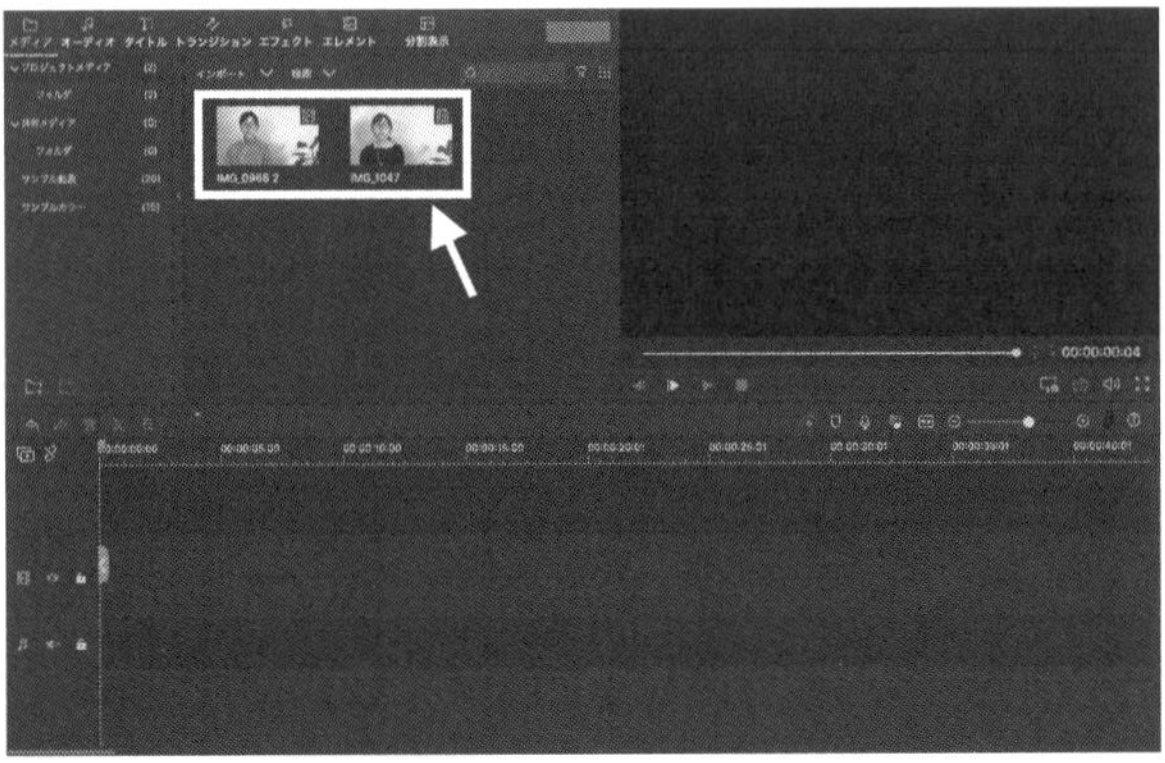

つなげたい動画を Filmora 上に取り込む

す（上の画像を参照）。

まず、1つの動画を、先ほどと同様にタイムライン上に持ってきます。

そして、もう一つの動画をつなげたい場合は、同じラインにもう一つの動画を持ってくるだけです。これだけで動画をつなげられたことになります（次ページ上の画像を参照）。

この要領で複数の動画をつなげることが可能です。

〈BGMの付け方～BGMは初心者の大きな味方に〉

BGMの付け方もご紹介します。

BGMはフリーサイトから、もしくは

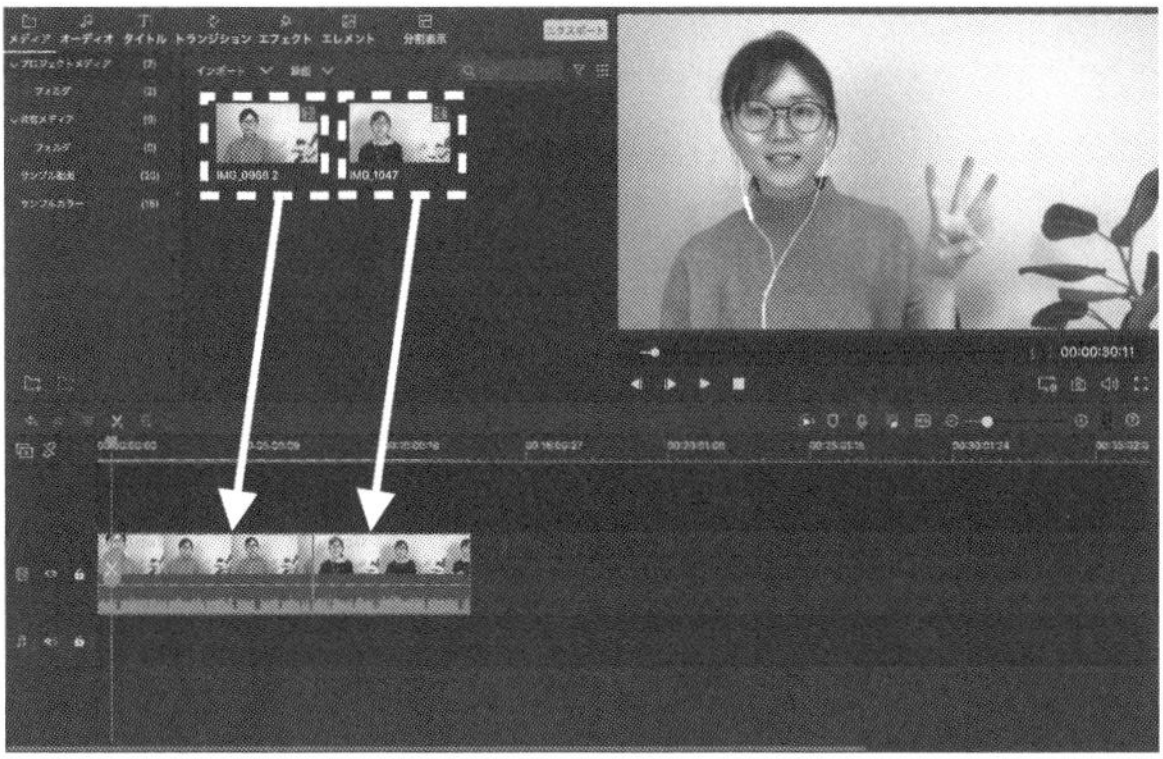

ドラッグして同じライン上に並べれば２つの動画がつながる

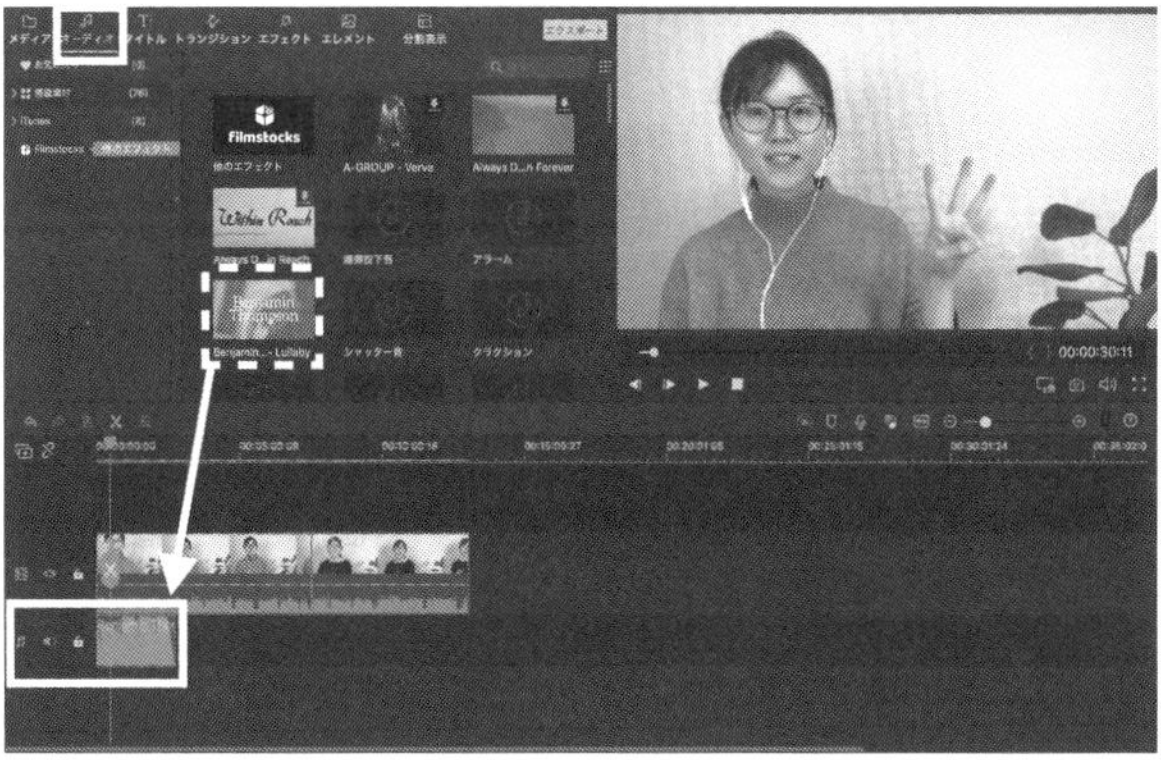

♫音符マークのラインに音楽を持ってくる

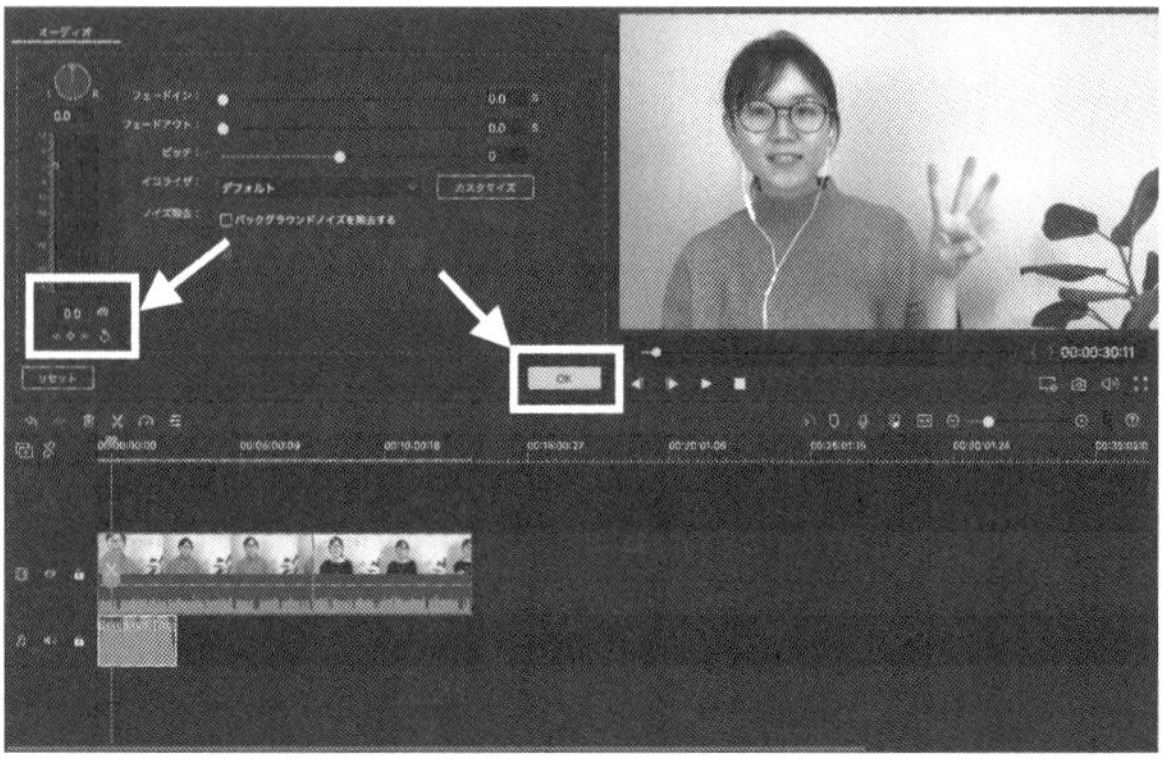

この画面で、音量調整や徐々に音楽を大きくしたり小さくさせるなどの細かい設定が可能

Filmoraの中にもオーディオから音楽が選べるのでそこから音楽を選びましょう。

外部から音楽素材を持ってくる場合は、先ほどの動画と同様に一度Filmoraに取り込みます。

そして、今度はビデオマークのところではなく、音符のマークのところに音楽を持ってきましょう（前ページ下の画像を参照）。

（上の画像の場合はFilmoraにすでに搭載されている音楽素材を持ってきています）。

すると、先ほどの動画に対してBGMをつけることができます。BGMにする場合は少しボリュームを下げたほうがいいので、ボリューム調整をする場合は、タイムラインに並んでいる音楽ファイルをダブルクリックして音量を調整しましょう（前ページの画像を参照）。

また、この画面でフェードインで音楽を徐々に大きくする設定にしたり、フェードアウトで音楽を徐々に小さくする設定もできますので、適宜設定することをおすすめします。

ＢＧＭを付ける目的としては、主に相手の興味を惹きつけるため、また動画の雰囲気を変えるためです。ただそれだけでなく、YouTubeを撮り始めて間もない頃の自分の持たない間を持たせてくれる、そんな効果もあります。

ＢＧＭを付ける際は、自分の動画のテイストに合わせることが基本です。

じっくりと説明する動画なら、静かな集中できるＢＧＭを、自分の口調や雰囲気に合わせて選ぶといいでしょう。

またＢＧＭを付ける際は著作権に注意しましょう。

有名なアーティストの楽曲では著作権侵害になってしまうので、著作権フリーでダウンロード配布しているサイトを利用します。わたしがおすすめするフリーのＢＧＭが手に入るサイトは「DOVA-SYNDROME（https://dova-s.jp）」です。こちらは音楽制作をしている作家さんが無料でＢＧＭを提供してくれているサイトです。

ここではＢＧＭだけでなく、YouTube でよく使われる効果音なども配布されています。基本的に無料ですがサイト上の利用規約と、作家さんが楽曲一つ一つに利用規約が書かれているので、気に入った音楽が見つかったら利用規約を確認してから利用するようにしましょう。

ただし、規約があるからといって使用に関してさほどビクビクする必要はありません。ＢＧＭの再編集はＮＧなどはよくありますが、基本的な動画のＢＧＭとして利用するには問題なく利用することができます。なので、ぜひＢＧＭを利用したいという場合はこちらを利用しましょう。

もしくは Filmora 上にも使える音楽がすでに入っていますので、そちらを使用するのもいいでしょう。

◉強調したいところに文字入れをする

さらにまだもう少し編集をしたい、と思っている方は文字入れをしてみましょう。簡単にFilramoでテロップ（文字）を入れる方法をご紹介します。

まずは、「トラックを追加」をクリックします。クリックすると、「ビデオを追加」「オーディオを追加」と出てきます。

今回はテロップを追加するので、「ビデオを追加」を選択します。（次ページ上の画像を参照）。

すると、一列ビデオマークの行が増えたことがわかります（次ページ下の画像を参照）。

テロップを入れる場合は、「タイトル」をクリックします。そこから「搭載素材」をクリックしましょう（165ページ上の画像を参照）。

オープニングにぴったりのものや、タイトルとして使えるものなど様々なものがあります。

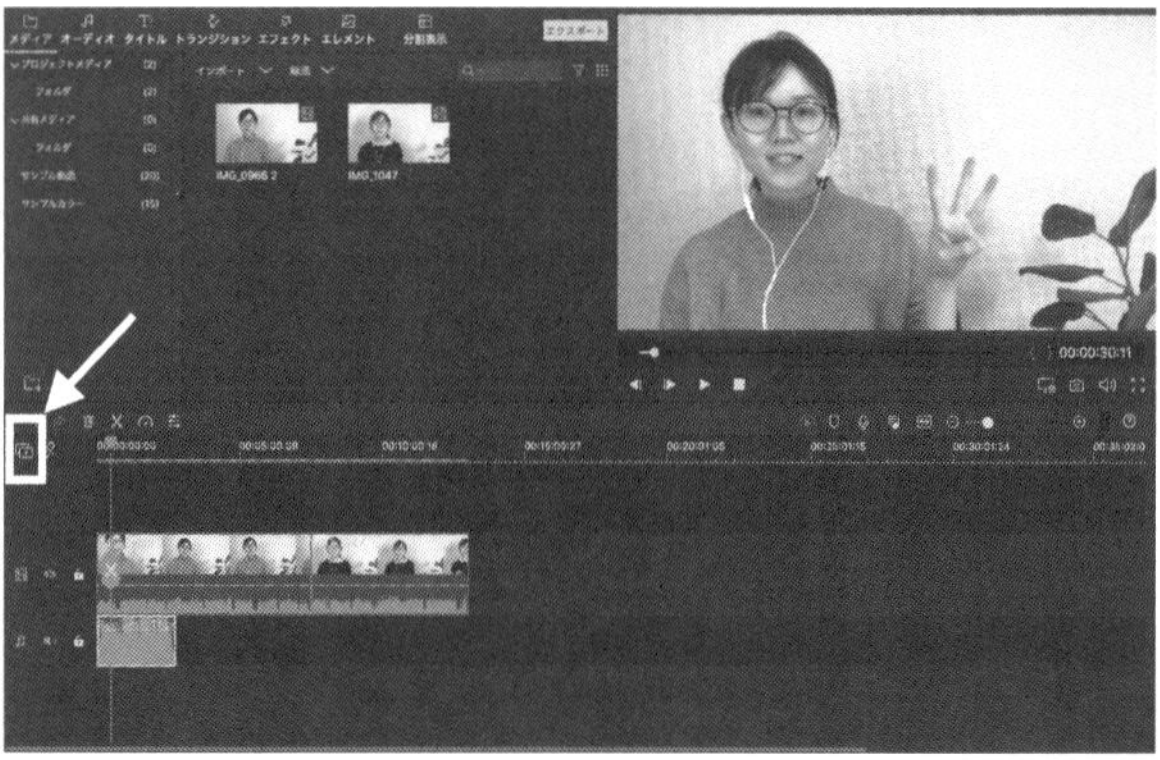

トラックの追加→ビデオを追加、を選択

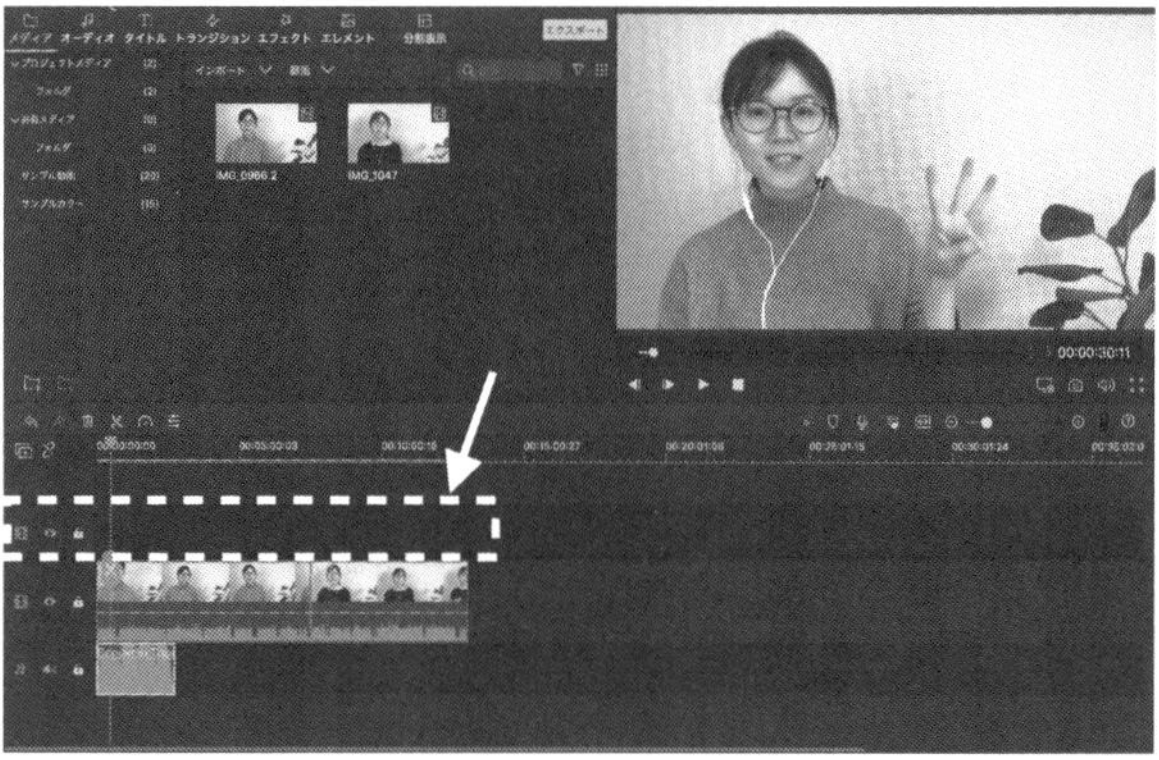

ビデオを追加すると、タイムラインに一列増える

上記メニューの「タイトル」→搭載素材をクリック

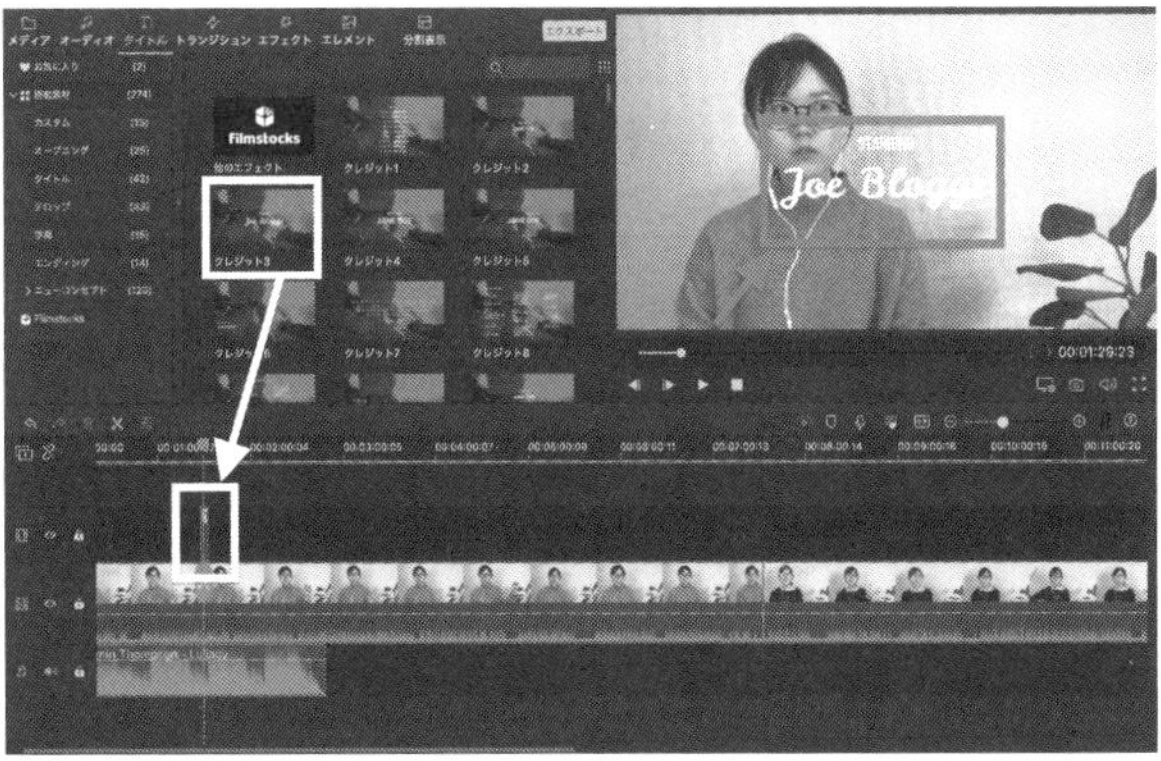

文字を入れたいところにテロップをもってくれば、動画上に反映される

話している言葉を動画にテロップとして入れるのであれば、搭載素材の中から「テロップ」をクリックして好きなものを選び、下のタイムラインの文字を入れたいところに持っていきましょう。

これで文字の設置はできました（前ページ下の画像を参照）。

そして文字を自分の入れたい文言に変えます。

右上に表示されている文字のところをダブルクリックすると、文字が変更できるようになります。

さらに、色やフォントの種類、文字の大きさも変更が可能です（次ページの画像を参照）。

さらに「高度な編集」をクリックすると、アニメーションを付けたり、テロップにぼかしや影を付けることもできます。

ぜひ色々と試しながら自分なりのテロップを付けてみましょう。

このテロップもＢＧＭと同様に相手の興味を惹きつけるためにあります。

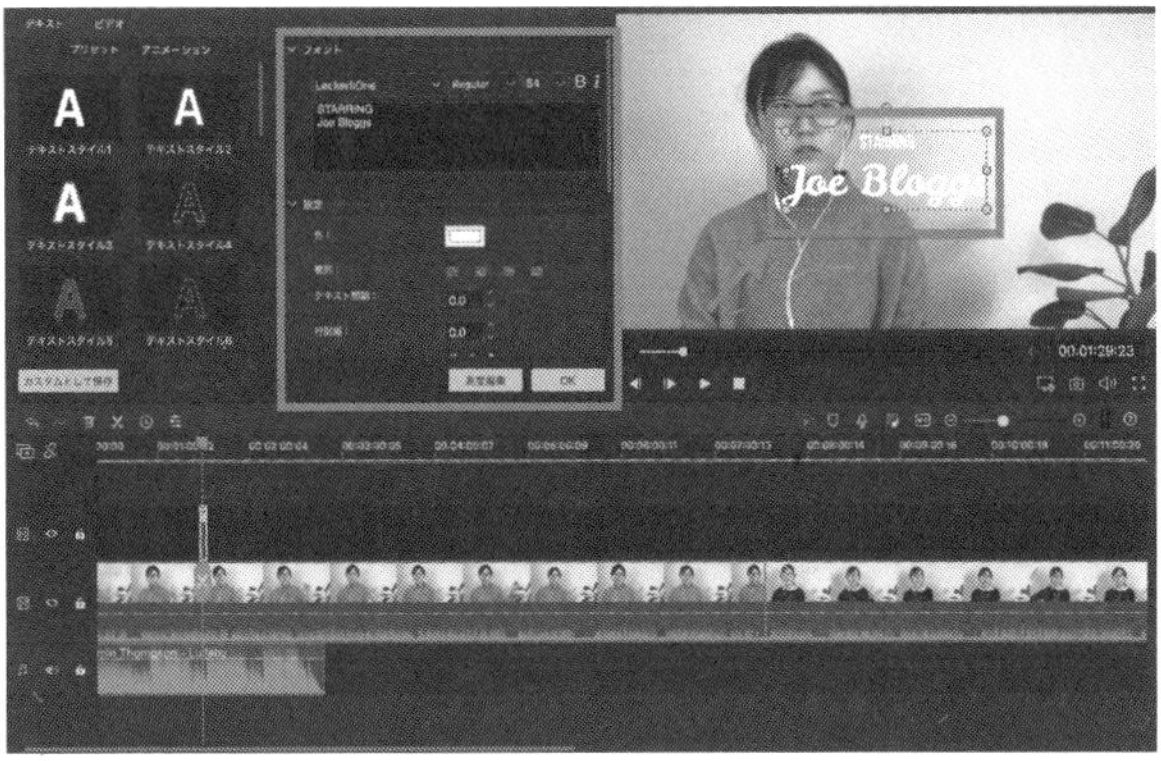

右上に表示されているテロップをダブルクリックで文言・色変更が可能に

特にビジネスYouTuberの方は解説するような動画が多くなると思いますので、ポイントなどをテロップで明記してあげるとわかりやすいでしょう。

そうすることで、自分が何を言いたいか相手に伝わりやすくなります。

また、ポイントを文字で入れる際には、なるべく短めのテロップにすることをおすすめします。

2行以上のテロップが一時的に表示されても、視聴者は情報が読み切れないからです。

なので、どうしても長くなってしまう場合は、少し長めに表示させておいたりなどして、視聴者に配慮しながらテロップを入れていきます。

この感覚は最初の内はわかりにくいかもしれませんが、あなた自身がいろんな動画を観ていると徐々にわかってきます。

テロップの入れ方に正解はありません。

「このテロップは見やすいな」と思う動画から表示時間を読み取ってみたり、逆に「テロップが読み取りにくいな」という動画かあればそれを分析してこうすればいいなという感覚をつかんでいけばわかってくるようになります。

また、テロップの注意点としては、慣れてくるとしゃべっている言葉全てをテロップ表示させたくなるかもしれませんが、それはあまりおすすめしません。なぜなら1万人の登録者数を達成するのに、それが必ずしも必要ではないからです。

また、しゃべっているセリフ全てにテロップを入れていたらかなりの時間がかかってしまいます。どうしてもやりたいのであれば、編集を外注するときに考えるといいでしょう。

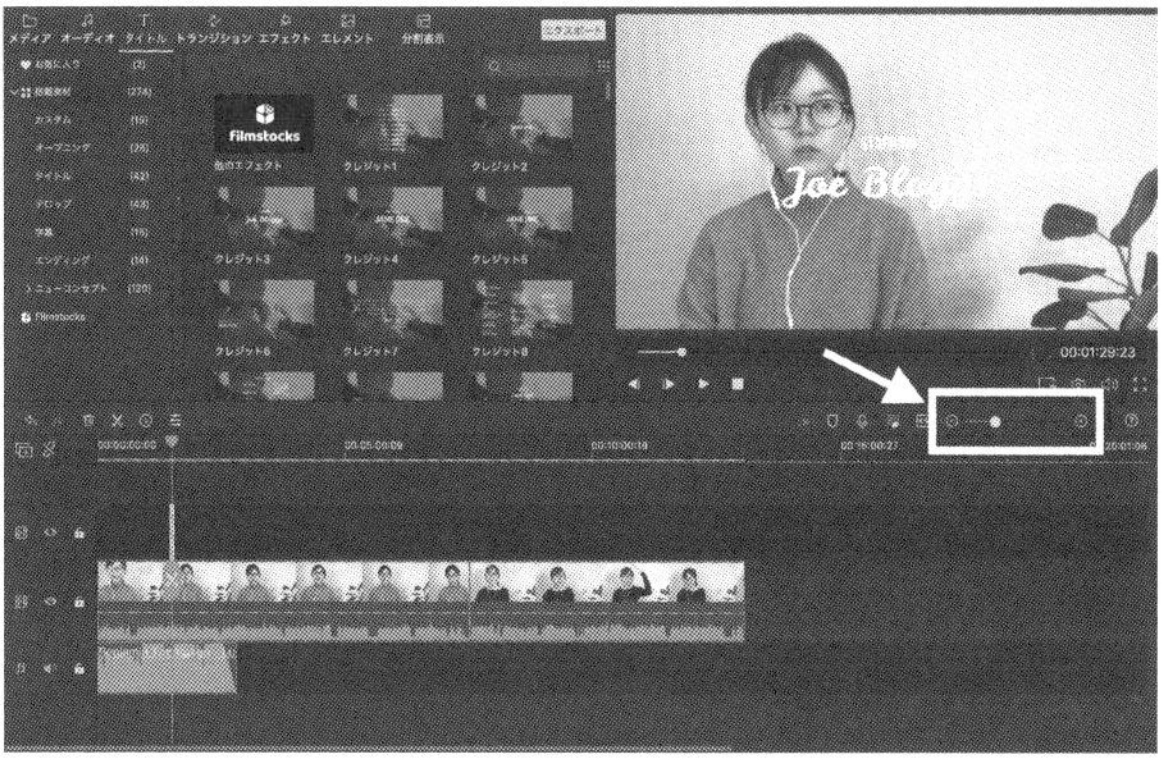

縮小・拡大機能を使うことで、編集作業が楽になる

〈補足　尺の縮小・拡大〉

便利な機能があるので一つだけお伝えしていきます。

先ほどテロップの説明をする際に行っていたのですが、Filmoraの画面の尺の縮小・拡大を覚えておくと編集作業がしやすくなります。

尺の変更はFilmoraの編集画面の中央右にある部分でできます（上の画像を参照）。

尺の縮小・拡大がどのような影響を及ぼすのか、読んだだけでは解釈しにくいと思うのですが、例えばこの画面だとせっかく入れたテロップがとても小さく編集しにくくなっています（次ページ上の画像を参照）。

ですが、このキーをプラスのほうに動かす

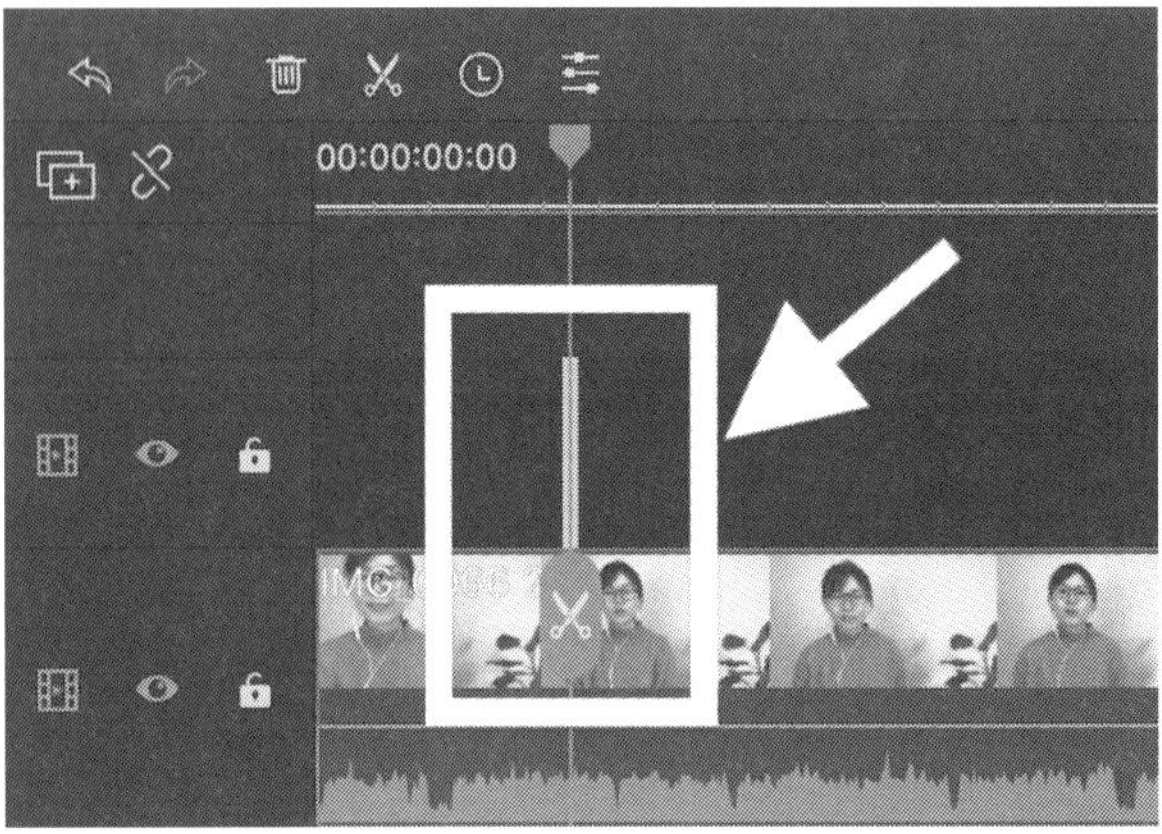
00:00:00:00

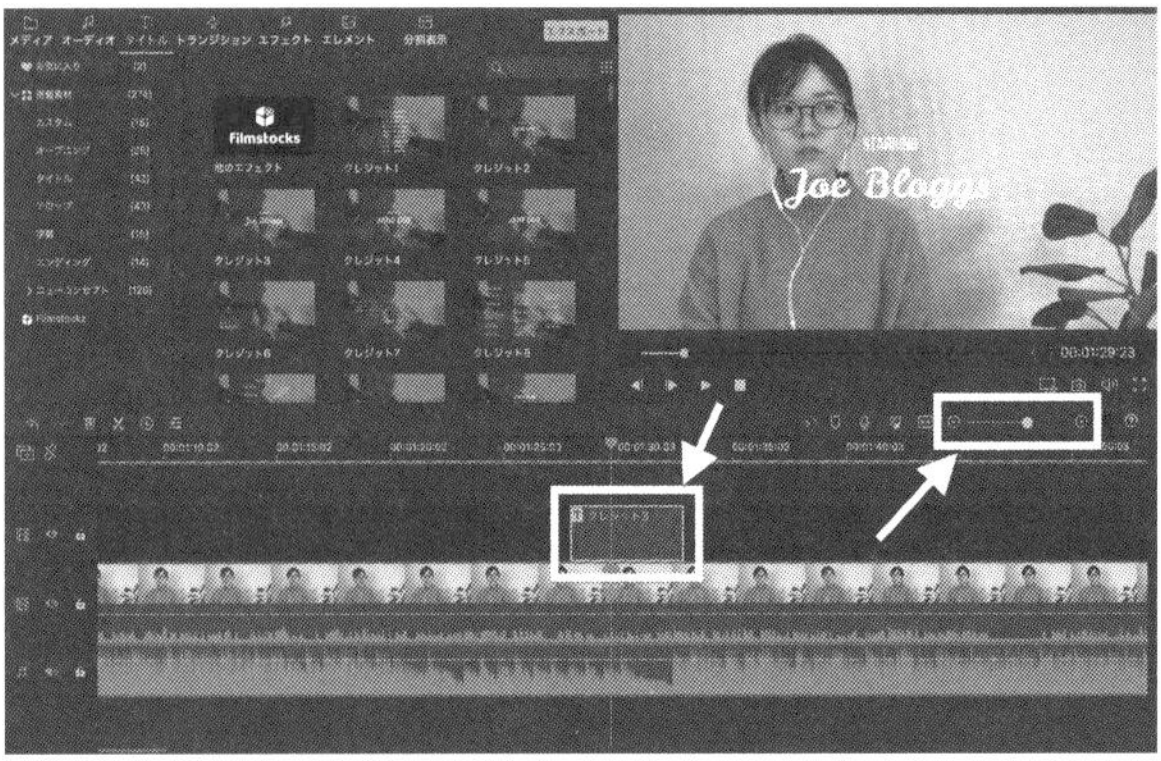
Filmstocks
Joe Bloggs

ことで、拡大することができ、編集が格段にやりやすくなります（前ページ下の画像参照）。

もし編集がしにくいと思ったらこの機能を思い出してください。

使いこなすことで編集が格段にやりやすくなります。

レベル３の内容は以上です。

この段階までできて地道に更新を続けていくと、少しずつですが登録者数が増えてくるはずです。

焦らずここでお伝えしていることを繰り返しやってみてください。

レベル２では動画10本上げることを目標にしましたが、こちらも10本の動画をアップすることを目標にやってみてください。

Part 2-4

Level 4
★★★★☆

動画の再生数・登録者数を増やす

【対象者】より再生数や登録者数を増やしたい人

ここからは合計20本以上は動画をアップしている人向けの内容になります。動画撮影や編集に慣れてきて、今より再生数や登録者数を増やしたいという方は参考にしてください。

◉再生数を伸ばしたいなら「需要のある動画」

YouTubeで再生数を伸ばしたいのであれば、シンプルに需要のある動画を上げていくのが一番です。

いちばん手取り早く再生数を伸ばしたいだけならば、YouTubeでの人気ジャンルに絡めて動画をアップしていくと、再生数は伸びていきます。

例えば、YouTubeで人気のあるジャンルといえば、エンタメ系や大食い系、ガジェットのレビュー動画などです。

ビジネスYouTuberの方なら、自分のビジネスに絡めて話題のニュースなどを取り上げるのも良いでしょう。

ですが、ビジネスYouTuberがアクセスが増えるからといっていろんなジャンルに手を出していると、「え？　この人何がしたいの？」と思われてしまいます。

では、どうしたらいいのかというと、自分の起点・軸を意識しながら、配信ジャンルを広げていくことです。

具体例でいえば、例えばわたしのピラティスちゃんねるの場合の軸はピラティスです。ですが「ピラティス」の関連ワードでは再生数を稼ぐのに限界がありました。

どういうことかというと、YouTubeで「ピラティス」と検索してみると、そもそもの再生数が少なかったのです。

実際に当時、他のピラティス動画で再生数を伸ばしている人はほとんどいませんでした。そのため、再生数を伸ばしていくにはピラティスから運動分野に意識を広げ、YouTubeで人気のあるストレッチや筋トレの動画を上げていこうと考えたのです。

ストレッチや筋トレであれば、ピラティスでもレッスン中に行われることなので、不自然さはないと考えました。

もしかしたらピラティスだからそのように応用が効いたのだと思う方もいるかもしれませんが、この考え方は登録者数1万人を狙うレベルであれば、ビジネスYouTuberの方でも応用が効きます。

例えば、営業職の人の場合は、最初は営業に関する動画を上げていきますが、登録者の数にこだわるなら伸び悩むと思います。

これからビジネスYouTubeが伸びるといっても、やはりエンタメ系など人気ジャンルに比べると再生数は少ないからです。

であれば、営業という起点から少し広く取っていくことになります。

営業の方であれば、巧みなトーク力が持ち味です。そこで、「上手なコミュニケーションの取り方」「人前で上がらない話し方」などのコミュニケーションの話題を取り上げていきます。

分野を広げる際に大切なのは、自分に関連のありそうな動画を取り上げていくことですが、同時に自分の立場をいつもブレさせずにいることが大切です。

例えば営業の人が時事ニュースを取り上げるのであれば、営業の立場から意見をしたり、コミュニケーション方法についても営業という立場から意見するのです。そうすれば自分の専門分野とは違う話題を取り扱っていても、動画を観た人は「あ、この人営業職の人なんだな」ということが理解でき、毎回観ている人にとっては「この人、何者なんだろう?」と思われずにすみます。

このように、再生数を増やしていきたい、という方は需要のある動画を狙っていくといいでしょう。

◉視聴者の「悩みキーワード」を狙っていこう

ビジネスYouTuberの方におすすめしたいのは、人の悩みを絡めて動画発信することです。

例えば、営業の人がYouTube運営を始めたとしたら、自分の過去の悩みからキーワードを考えてみます。例えばその人が、

・過去の自分は「話下手」だった
・現在はそれを克服し、今や立派に営業の仕事をこなしている

という経験があるなら、「話し下手」であることを活かしてその克服方法を営業の立場で話してみます。

そこまで出てくればあとは、YouTube検索窓で実際に「話下手」というキーワードを入力してみて需要があるかどうか確認するだけです。

また検索すると関連ワードで、「話下手　言葉が出てこない」「話下手克服」といったキーワードも需要があることが分かります（次ページの画像を参照）。

また「話下手」というのは「しゃべるのが苦手」「話すのが苦手」などの言い回しもできるので、そういったキーワードでも調べられていないか確認します。

要は自分の過去の悩みからみんなが検索しそうなキーワードを抽出していけばいいのです。

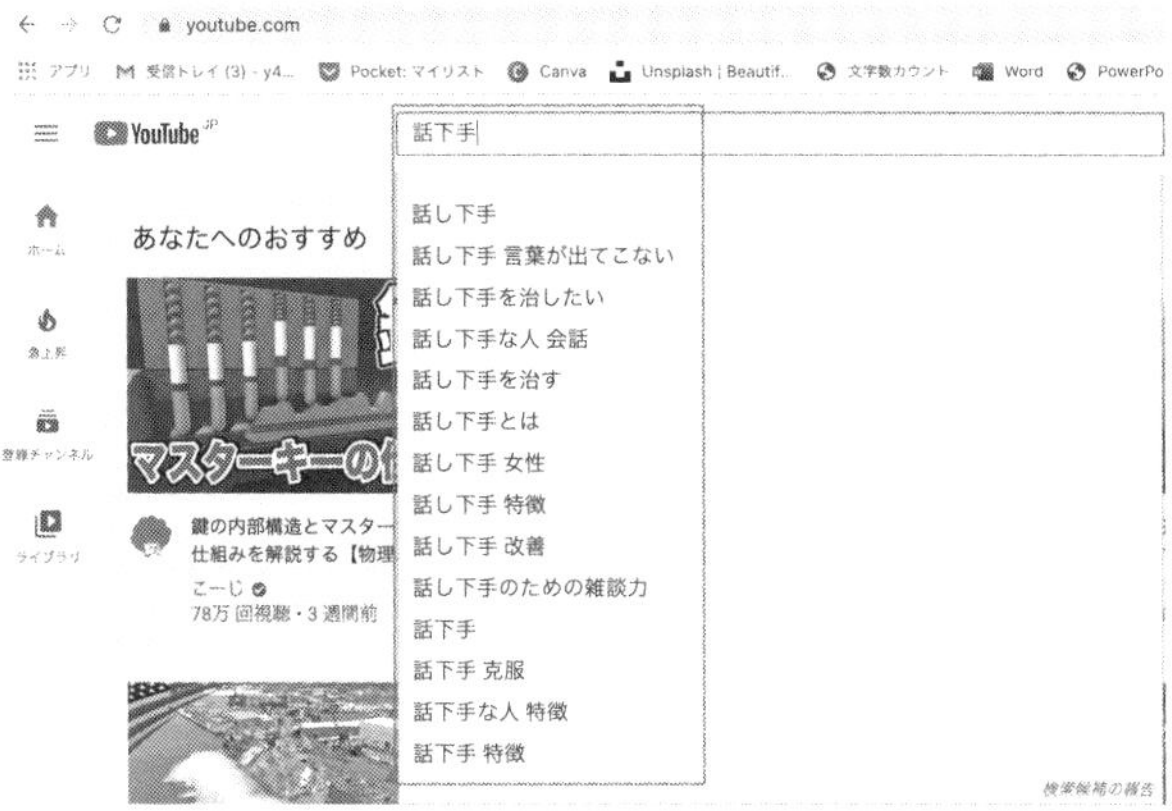

YouTubeの検索画面

そして、さらに一歩踏み込んだ話をすると、検索をかけてみて、表示された上位10個の動画がどれぐらい再生されているかをみると大体の需要が確認できます。

大体の目安ですが、YouTubeで10万回以上再生されている動画がいくつか並んでいれば、それなりに需要がある動画ということになります。できれば、検索をかけてみて上位に100万回以上再生されている動画があるのが理想的です。

このようにビジネスYouTuberの方は自分が上げていこうと思ったことから視聴者の悩みにすり合わせていくと、需要にあった動画を上げることができ、再生回数の増加につながります。

SEOをご存知の方からしてみると、「単純にキーワードを狙うだけじゃん」「キーワードツールを使ったほうが効率的」と思われるかもしれませんが、その際はキーワードを狙うことから始めるのではなく、必ず自分が伝えたいことは何かを明確にしてから、視聴者の需要にフォーカスしていくことをおすすめします。

なぜなら、SEOを単純に狙った動画というのは、とても機械的で自分の熱量（想い）が動画に入らないからです。

そして逆に自分の過去の経験から「どうにかしたい！」と思った自分の熱量が入っている動画というのは伸びます。これはどんなに役立つ情報であっても、単純にキーワードだけを狙った動画とは全く異なるものになります。

そのため、動画においては自分自身が伝えたいという想いがないか探してみること、さらに言えば自分のテンションがどんどん上がっていき、「楽しい！」と思えるぐらい伝えたいことを伝えることがとても大切です。

そんな個人的な感情を持ってくるなんて、と思われる方がいるかもしれませんが、動画において自分が楽しんでいるかどうか、自分が本当に伝えたいことなのか、というのは本当に、本当に大切です。

なぜなら、今や正しい情報役立つ情報というのは世の中に溢れているからです。そして個人レベルであればあるほどたくさんのコンテンツを出している大手に負けてしまいます。

だからそこで差が出るのはあなたの熱量、想いと思ってください。

そのため機械的にキーワードを狙うのもいいですが、自分の中にこれは伝えたい！　という想いを起点に、そこからキーワードを狙うようにしてみてください。

すると自然と自分の気持ちが入った動画ができ上がるはずです。

●登録者数を伸ばしたいなら「表現スキル」を上げよう

登録者数を伸ばしたいなら、再生数を伸ばすことも大切ですが、それには表現スキルを上げることがいちばんの近道です。

再生数や登録者数を伸ばしている人は例外なく、表現スキルを磨いています。

実際にYouTubeを発信している人はいろんなことをしていますが、初心者の方は、まずは次の点に気をつけて配信してみてください。

〈無表情になっていないかチェック〉

動画を撮るとき目の前に相手がいないので、ついつい無表情になってしまいがちです。特に初心者の方は誰もいないカメラに向かって話すので、淡々とした話し方になり、表情が固まりやすくなります。正直、これは大抵動画で無表情になりがちなわたしも偉そうに言えません（笑）。

ですが、どうして自分が無表情になってしまうのか、それを考えると解決方法は簡単に見つかります。大抵無表情になるときというのは、普通に話しすぎている、というのがあります。

動画はリアルな会話とは違うので、言うなれば少し演技をして補ってあげる必要があります。無理して派手な演出をする必要はありませんが、この辺りはいろんなYouTuberの方の動画を参考にしてみるといいでしょう。

また動画を撮る前に、いい状態で動画を撮れるテンションまで自分の気持ちを高めていくようにするのもいい方法です。わたしの場合は動画を撮る前に台本を読んで気分を盛り上げてから撮影に入るようにしていました。

それぞれに自分の気分を上げる方法はあると思うので、ぜひ自分は何をすればいい状態で動画が撮れるか探ってみてください。

〈無駄な話をしすぎていないか確認〉

最初のうちは無駄な話をしすぎていないか確認することをおすすめします。YouTube運営を始めたばかりの頃は、特定のファンがついていないので、あなたの個人的な話は視聴者にとって「無駄な話」「退屈な時間」になります。そのときの視聴者は役立つ情報を知りたい、という需要が圧倒的にあるからです。

もちろん、ファンがついてくれれば個人的な話が無駄な話ではなくなり「もっと聞きたい」という人も増えてきます。ですが、まだファンがついていない方であれば、個人的な話ばかりしすぎていないか確認していきましょう。

〈周りの人に意見をもらおう〉

もっと再生数や登録者数を伸ばしていきたいと思うのであれば、恐れずに身近な人に動画を観てもらって意見をもらいましょう。

他の人から意見をもらえると、相手に伝わりにくい説明をしていることがわかるかもしれません。

もしかしたら自分の説明には問題がなくて、撮影環境が悪いのかもしれません。BGMがうるさすぎるのかもしれません。

客観的な意見をもらうと、自分では気づかなかった部分に気づけるので、チャンネルを良くしていきたいと思うのであれば、ぜひいろんな人に意見をもらってみましょう。

また、動画で行き詰まった場合は、YouTube動画の中から「この人の動画面白いなぁ」「この人の説明わかりやすいなぁ」と思った動画をピックアップし、そのどこが良いのか分析し、部分的に真似してみるのもいいでしょう。すると、徐々に自分らしい動画ができ上がってきます。

◉徐々に編集スキルを上げていこう

編集スキルは必要になったら調べて徐々にできるようにすることをおすすめします。

レベル3で編集に関してお話ししましたが、ビジネスYouTuberの方は凝った編集は必要ありません。

編集なしでもいい、というわけではないのですが、どちらかというと中身のほうが大事で、中身が飛び抜けて良ければ編集なんてなくても良いぐらいなのです。ですが、たくさん動画を上げていると、「やっぱりもっと凝った編集をしたい！」と思う人も出てくると思います。

でも、凝った編集をしたい場合であっても、漠然と動画編集スキルを身につけるのではなく、YouTube動画の中から「この動画、素敵だな」と思う動画の編集スキルを身に付けていきましょう。

自分に必要のない技術を身につけるのではなく、今すぐ使える編集技術を身につけるのです。

また、動画編集をやってみるとわかりますが、いろんなことをやろうとすると本当に時間がかかります。自分の話している言葉に全部テロップを入れたり効果音を入れたら、初心者の方は軽く5～6時間はかかります。

動画編集は本格的にやると本当にキリがないので、必要なときに調べてできるようにし、あまり編集にのめり込まないようにしましょう。

◉チャンネルTOPも綺麗になる！　再生リストを作ろう

動画配信数が増えてきたら再生リストを作ることをおすすめします。

再生リストとは、自分が指定した動画を選んでまとめておける機能のことです。自分の動画にかかわらず、YouTube上にある動画で気に入ったものをリストにして管理することができます。

この再生リストは自分自身がお気に入りの動画を管理するためにもありますが、自分で作った再生リストは他の人とも共有できます。

そして、この他の人とも共有できるという機能を利用して、自分の動画をジャンルごとにカテゴリー分けするわけです。

カテゴリー分けするメリットは2つあります。

1つ目のメリットは、視聴者が自分の目的に沿ってあなたの動画を見つけやす

ピラティスちゃんねるの TOP。再生リストを作っているから
このようなカテゴリー別に表示される

くなることです。

例えば、ピラティスちゃんねるの場合、ピラティスに関する動画の他にも筋トレ系の動画、ストレッチの動画など様々なジャンルの動画を上げています。

なので、動画の数が多くなればなるほど視聴者はわたしのチャンネル内で目的の動画にたどり着くのに苦労します。

ストレッチの動画を探していたとして、１つ動画を見つけても、次の動画でまたストレッチ動画を探さなくてはいけないわけです。

ですが、再生リストを使ってス

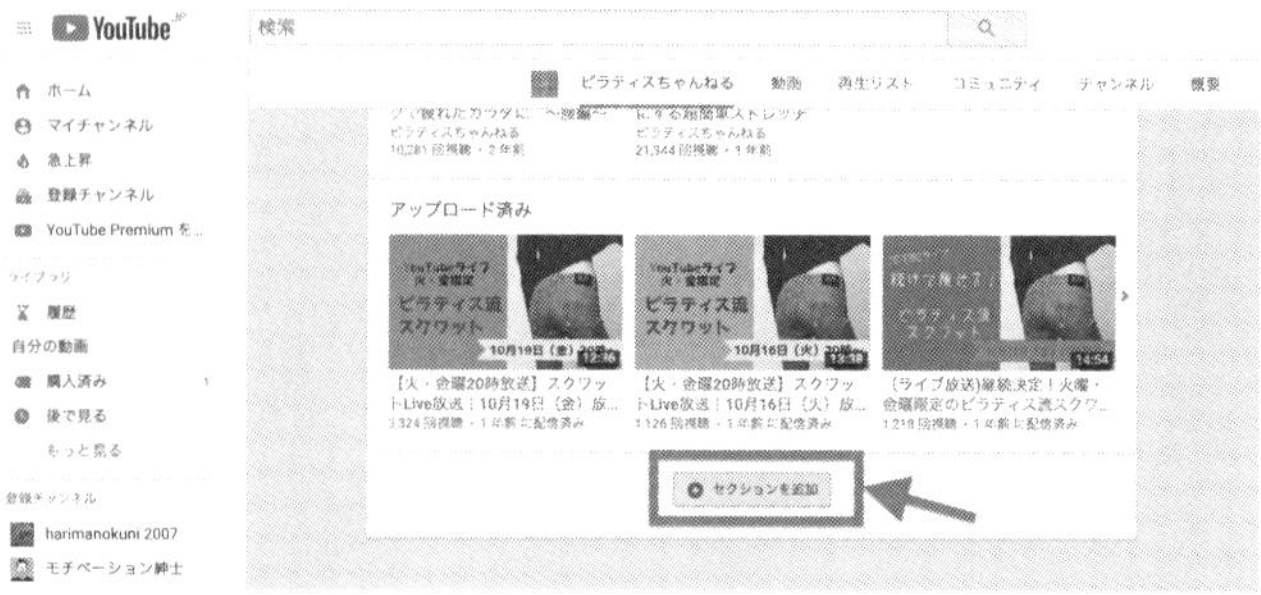

トレッチ動画のみをカテゴリー分けしておけば、その視聴者はわたしのストレッチ動画のみをチェックすることができます。

2つ目のメリットは、チャンネルTOPを整えられることです。

再生リストを作りチャンネルTOPに再生リストを表示させるような設定をすると、カテゴリーごとに動画を表示できるようになります（前ページの画像を参照）。

この設定をしていないと、アップロード動画が横一列に並ぶ形で、せっかく動画をたくさんアップしていても、あまりアップしていないように見えたり、視聴者が観たい動画を見つけにくい形になります。

再生リストは、YouTube Studioの「再生リスト」

から作成することができます。作った再生リストは、自身のチャンネル（https://www.youtube.com/channel/自身のチャンネルID）からチャンネルをカスタマイズ→セクションを追加をクリックします（前ページの画像を参照）。

コンテンツ（1つの再生リスト）、レイアウト（横一列に表示）で設定すると、ピラティスちゃんねるのようなチャンネルTOPができ上がります。

表示する位置も変更することができるので、ぜひ自分好みのチャンネルTOPを作ってみてください。

◉思わずクリックしたくなる「サムネイル」の作り方

これからYouTubeをやろうとしている人であれば、サムネイル、という言葉を聞いたことがあるかもしれません。サムネイルとはYouTubeのTOPで並べられる画像のことです（次ページの画像を参照）。

動画をアップロードされたときに自動で生成されるのですが、自分が指定した動画を設定することができ、人気YouTuberのほとんどはこのサムネイルに力を入れています。

運動
フィルタ
股関節を手っ取り早く柔らかくする方法
広告 わんチャンネル・452 回視聴
股関節を簡単に柔らかくする方法です このストレッチを是非お試しください
質問にお答えします
7:48
【決定版】家で飛ばない有酸素運動ダンスでダイエット！レッツ痩せるダンス！〜家で一緒にやってみよう〜
Marina Takewaki・18万 回視聴・1 週間前
今回の動画はこちら！！ステップ多めなのでランニングかのように息切れしますw①【地獄の１１分】マンションOK!きついけど病みつきになる ...
27分
マンションOK! 飛ばない！
有酸素 ダンス
11分&15分ダンスを一度に！
27:53
運動不足解消におすすめの筋トレ&有酸素運動！基礎代謝を上げて太りにくい体を手に入れよう【10分】
林ケイスケ uFitチャンネル・4.8万 回視聴・4 か月前
毎日デスクワーク続き...。最近、体を動かしてないな...。そんな方におすすめの運動不足を解消する10分間のエクササイズです。この動画 ...
1日10分
自宅で運動不足解消！
簡単エクササイズ
11:35
【ジャンプ無し】全身脂肪燃焼！有酸素運動！cardio exercise（No jumping）9min
Fit Me Now channel・50万 回視聴・9 か月前
こちらは音声改良版です。 ーーーーーーーーーーーーーーーーーーーーーーーー こんにちは！ FIT ME NOWのmieyです！ 初めてexercise動画 ...
ジャンプなし
全身
有酸素
運動
9分
改良版
10:24
[あさイチ] 超ラジオ体操〜在宅でも出来る！運動不足解消！〜 | NHK
NHK 43万 回視聴・1 か月前
「あさイチの」情報はこちら！ あさイチ＞＞http://www1.nhk.or.jp/asaichi/?cid=dchk-yt-2003-15-st 在宅中でも簡単にできる「超ラジオ ...
NHK
超ラジオ体操
3:34

左に並べられた画像がサムネイル画像

なぜなら、動画の再生数がこのサムネイルによって大きく左右され、ここが視聴者の目を引くかどうかで動画が観られるかどうかが決まるからです。

また、ＳＮＳでシェアしたときにこの画像が表示されるので、整えておく必要があります。いわば動画の顔となる部分です。

そのため、サムネイ

ル画像は、とにかく目を引くデザイン・文言にすることが重視されます。

もちろん視聴者に「この動画、気になる！」と思わせるために目を引くデザイン・文言にすることは大切なのですが、あまりにも動画の中身とそぐわないサムネイルは逆に動画評価を悪くすることにつながります。

あくまでサムネイルの目的は、その動画が一体何を提供してくれるのか、それをイメージ画像でわかるようにするものです。


〈サムネイルを作るときにおすすめの画像作成サイト〉


サムネイル画像を作る際におすすめの画像作成サイトは、ロゴを作る際にもご紹介した「Canva（キャンバ）」です。

わたしはこの画像作成サイトをずっと利用していて、YouTubeサムネイル画像を作成するときも必ずこの作成サイトを使っています。

Canvaは有料プランもありますが、YouTubeサムネイル画像を作る程度であれば無料で十分対応ができます。

〈初心者向け！　サムネイルを作るときの5つのポイント〉

サムネイルを作る際にはいくつかのポイントがあります。

ビジネスYouTuberの方は、以下を踏まえて作っておくと、目を引くサムネイル画像が作れるでしょう。一度に全てやろうとすると大変なので、一つずつ自身のサムネイルに取り入れてみてください。

①文字や記号を上手に使う

サムネイル画像を作る際に意識して使ってほしいのは、フォントの種類です。

初心者の方は、まずはYouTuberの方がよく使っているフォントを利用するだけで目を引くサムネイルを作ることができます。

YouTuberの方が使っているフォントは無料のものと有料のものがありますが、無料のもので充分目を引くデザインを作ることができます。

YouTuberがよく使っているフォントはいくつかあるのですが、代表的なのは、「ラノベTOP」と「けいふぉんと」です。

少しカジュアルなフォントですが、目を引きやすいので上手に使うと再生回数が増えるサムネイルにすることができます。

また先ほどのフォントではカジュアルすぎる、という場合は、「コーポレート・ロゴ」がおすすめです。いずれもCanvaで無料で使うことができます。

また、記号を上手に使うのもおすすめです。「↓」や「○」などの記号を利用して、注目を引くのです。

サムネイル画像は、どちらかというとパッと見のイメージで伝わるのが一番なので、文字ではなく記号などをうまく使って注目を集めるのがポイントになります（上の画像を参照）

実際にピラティスちゃんねるは感覚的にどういう動画なのかわかってほしかったので、「↓」や「○」などの記号をうまく利用して、ベースが自宅で撮影した写真であっても目を引くようなサムネイル画像になっています。

②文言はできれば一言で端的に表す

ビジネスYouTuberの方は、基本的に相手の悩みを解決するような動画や何かの説明を上げる動画をアップすることが多くなると思います。

そして動画をアップしてみると、色々伝えたいことがあって、サムネイル画像にはたくさんの言葉を入れたくなるかもしれません。

ですが、実際サムネイルとして表示される画像は、パソコンでもスマホでもとっても小さいです（左の画像を参照）。

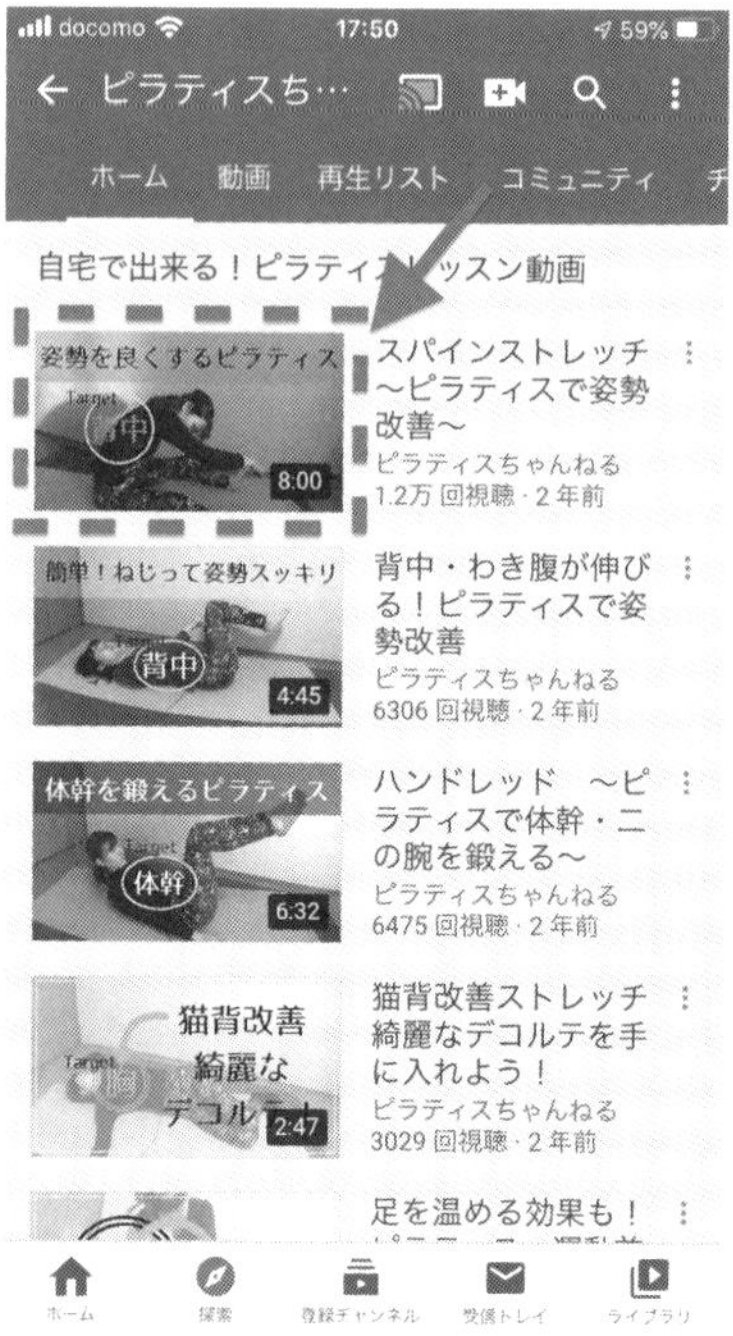

スマホの表示画面。サムネイルが小さい

そのため、文言はできれば一言で、一言が無理ならなるべく短く端的に表すことをおすすめします。

なぜなら、文言は短くすればするほどインパクトが出るからです。

例えば、わたしがピラティスちゃんねるで5分のストレッチ動画を作ったとしたら、「5分で柔らかくなるストレッチ動画」としますが、さらにもっとカジュアルに「たった5分で柔らかく」とすると言葉が短い分、「え？どういうこと？」と視聴者に想像させる分だけインパクトが強くなります。

ただ相手に大きな期待をさせる分、自分の動画と視聴者のイメージに乖離がありすぎると「思っていたのと違った」と逆に視聴者の期待を裏切ってしまうこともあるので、やりすぎには注意しましょう。

あくまで視聴者に自分の動画のポイントを伝えるという意識が大切です。

③色は多くても4色程度におさめる

色を使いすぎるとごちゃごちゃしすぎて相手に伝えたい要素が伝わりにくくなります。そのため色は多くても4色程度に抑えるようにしましょう。

Adobe Color：１つ色を指定するだけで、それに合った最適な色を教えてくれる

また4色と一口に言っても相性の悪い色の組み合わせをしてしまったり、好きな色を選んで4色におさめたけど、なんだかまとまりがない、と思うこともあると思います。

そういった方は「Adobe Color」という最適なカラーの組み合わせを提案してくれるサイトを利用してみてください。

類似色・モノクロマティックなど、テイストにあったカラーを提案してくれます。

使い方は簡単で、自身の取り入れたい色をRGB表記（色の表現方法の一種。赤であれば#FF0000となります）を入力するだけです。

それだけで、その一色のカラーに対して相性の良い色を提案してくれます（上の画像を参照）。

https://color.adobe.com/ja/create

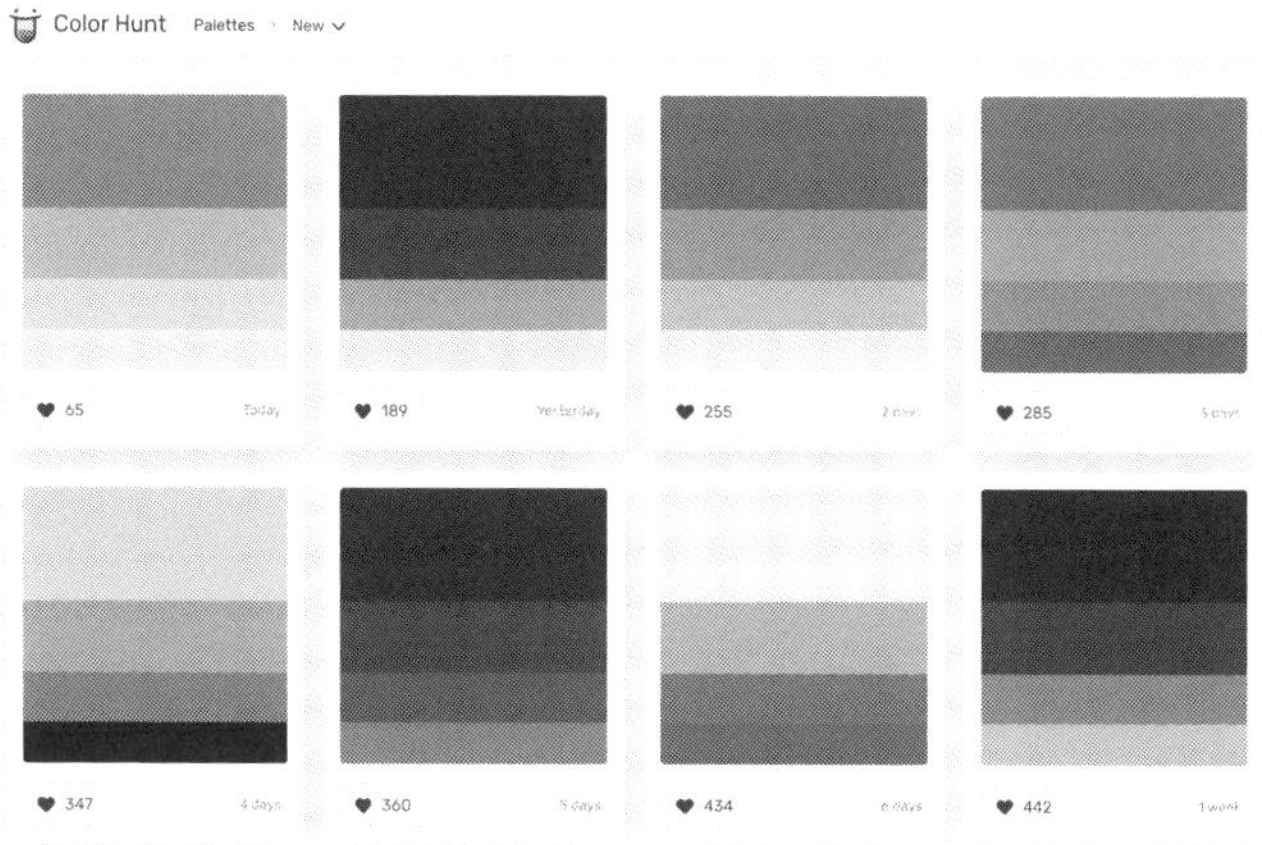

Color Hunt：相性がいいカラーの組み合わせを提案してくれる

また、特に指定の色がない場合は、「ColorHunt」という最適なカラー配色を提案してくれるサイトを利用してみてください。

こちらは一覧で色の組み合わせを提案してくれていて、色にカーソルを合わせるとBGM表記が現れるようになっています（上の画像を参照）。

実際の色彩の確認は次のアドレスより確認してください。

https://colorhunt.co)

この2つがあれば、デザインやカラーセンスに自信がない方でもまとまりのある配色でサムネイル画像を作ることができます。

④自分の画像を入れる

目を引くサムネイルを作りたいなら、自分を画像として取り入れることをおすすめします。

自分の顔を入れることに抵抗がある方が多いと思いますが、やはり人の顔が入っているものはクリック率が高いので、入れられるに越したことはありません。自分を撮った自撮り写真をそのまま使ってもいいですが、自分自身を切り取った画像を使うほうが立体感が出てサムネイル画像らしくなります。

その際に便利なのが、人物をワンクリックで切り抜くことができる「remove.bg」という無料のサイトです（https://www.remove.bg/）。

このサイトに自分の写真をアップすると、ワンクリックで自分だけを切り取ってくれます（次ページの画像を参照）。

https://www.remove.bg/

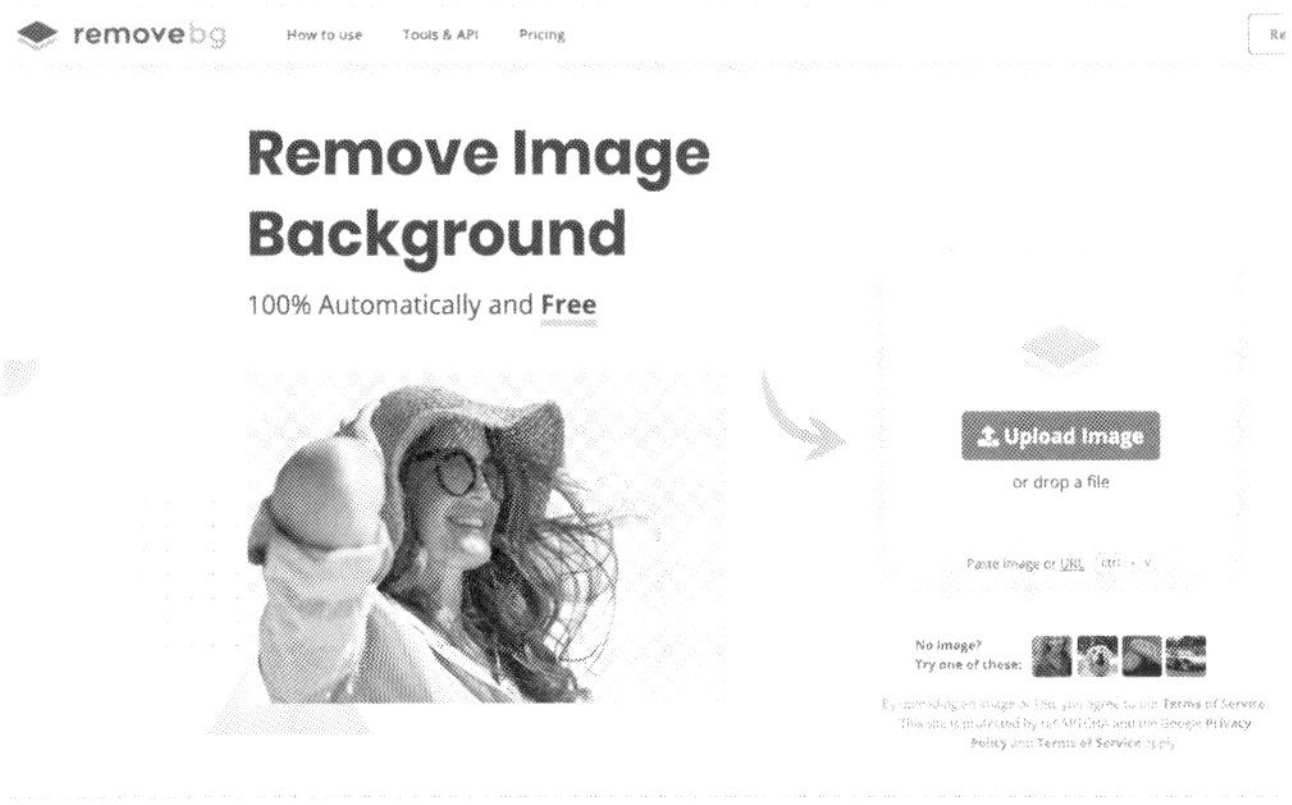

画像を取り込むと自動で切り抜いてくれる

また Mac の方であれば、パソコンに既存で入っている切り取りツールで人物の形に切り取れるので、そちらを利用するのもいいでしょう。

ただ先ほど紹介した remove は写真をアップしたらワンクリックで切り取ってくれるので、そちらのほうが断然楽です。

自分の姿形を切り取って利用したいという方はぜひ活用してください。

⑤色や文字で統一性を出す

サムネイル画像作りに慣れてきて、再生回数が増えてきたり登録者数の人数が多くなってきたら、サムネイルに統一感を出していくことをおすすめします。

何度も観ている視聴者は「あ、この人の動画だ」と、あなたの動画を気に入っている人やチャンネル登録してくれている人に観てもらいやすくなります。

例えば、毎回同じ色合いで出す、フォントに毎回共通性を出す、ブランドロゴがあるならそれを毎回入れる、などするといったことです。

〈補足　デザインの使い回し〉

サムネイルは動画の顔なので、視聴者がついていない最初のうちは毎回観てもらうために、サムネイルに凝ったほうがいいのは確かです。

ですが、実際には他の仕事もあって、サムネイル作成にそんなに時間をかけられない、という方もいらっしゃると思います。

なので、そんなに時間が費やせない人は一度作ったデザインを使い回す形で利用するといいでしょう。Canvaを使えば一度作ったデザインはウェブ上で残していてくれるので使い回しがききます。

動画作成は色々とやることがあるので、上手に手を抜いて取り組むようにしてください。

終了画面の左側に「おすすめ動画」などを表示させる

◉終了画面をうまく活用していこう

YouTubeの動画の最後に、チャンネル登録のアイコンが登場したり、次のおすすめ動画が出てくる動画を観たことがある方も多いと思います（上の画像の左側を参照）。

この設定というのは終了画面からできるもので、この設定をすることで動画の終わり20秒の間にチャンネルアイコンやおすすめ動画を表示させることができます。

実際には動画を最後まで観てもらえるというのはごくわずかで、ここからチャンネル登録や次のおすすめ動画を観てくれる人はそんなに多くありません。

ですが、視聴者の中にはなんとなく観はじめて最後まで観てしまった、動画が良かったので最初から最後までしっかり観た、という視聴者の人もいらっしゃるので、そういった方のためにも、次回の動画も観てもらえるよう設定しておきましょう。

YouTube Studioを開いて、アップした動画の詳細画の右下にある「終了画面」から設定します。

「＋要素」をクリックするとチャンネルや動画などを指定することができます。最初は自分のチャンネルアイコンと、この動画に関連する自分のおすすめの動画を貼り付けておきましょう。

この終了画面の注意点は、動画の終わり20秒の間しか表示できないことです。5分の動画であっても、始まって1分後に終了画面を表示させることはできません。

この終了画面は、動画をアップした後に設定ができ、アップして何日か経ってからでも設定ができるので、動画が溜まってきたらまとめて設定するのもいいでしょう。

レベル4の内容は以上になります。

ここではYouTubeのアクセスアップのお話をしましたが、最初から全てやろうとせず、一つずつこなしてみてください。焦らず一つずつこなしていくことで、地味ですが確実に再生数や登録者数は増えていきます。

Part 2-5

Level 5
★★★★★

自分の特徴を知って自分のファンをつける

【対象者】登録者数1000人以上。

さらに登録者数を増やして加速していきたい人

ここからは少しレベルアップして、登録者数がある程度増えて、さらに再生数・登録者数を増やしていきたい人向けにお話をしていきます。

この段階からはさらに視聴者との関係性を考えていく必要があります。

●視聴者のコメントが増える動画作りのコツ

YouTubeにおいて視聴者からのコメントというのはとても大切な要素です。

なぜなら、YouTubeからするとコメントが多い動画というのは、「この動画は盛り上がっているのか、視聴者から評価されているか」という判断の指標になるからです。

実際にコメントの数によってブラウジング・関連動画に表示される回数が増えてきます。

また、それだけではなく、視聴者とコメントを通して交流することで、喜んでくれてまた動画を観に来てくれる濃い視聴者になってくれます。

もし動画を定期的にアップしているし、再生数も徐々に伸びてきているけど、視聴者から全くコメントがつかないという方は、以下をやってみてください。

①コメントを促す

コメントが欲しいと思っている割に何もやっていない人も多いですが、コメントが欲しいことを視聴者に伝えることが大切です。

YouTubeの視聴者は動画で完結します。そのため、何かして欲しいことがあるのであれば、しっかりと動画内でやって欲しいことを促す必要があります。

ですから、コメントが欲しいのであればきちんと「質問などあれば、気軽にコメントくださいね」などと口に出して伝えていきましょう。

また、動画の編集をするのであれば、動画の最中に文字で「質問がある方はお気軽にコメントください」などと書いておくと視聴者も「あ、この人は質問を受け入れてくれるんだな」と思ってくれて、コメントを入れやすくなります。

また、動画の中で視聴者に問いかけて、「○○についてどう思いましたか？良かったらコメントで返信ください」などと伝えると視聴者もコメントを入れたくなります。試してみてください。

②コメントには返信する

コメントがついたら最初のうちは極力返信することをおすすめします。

コメントに返信することにより、その人がまたコメントしてくれる可能性が高まり、さらに他の人も「この人は返信してくれる人なんだな」と思ってもらえ、コメントしやすくなります。

ただ、もしアンチコメントが入ってしまったら、そのままにしておくか、気になるなら削除で問題ありません。

また、コメントの返信対応をしていたら運用が大変ではないか？　と思われる方もいらっしゃるかと思いますが、その通りです。

そのため、登録者数が多くなり、コメントの対応も仕切れなくなったら返信をやめていくことをおすすめします。

実際、登録者が増えるごとに自然とコメントも多くなり、大体登録者数が1万人達成すると、コメント返信が追いつかなくなります。


でも、だからといって不平等な対応になるのはおすすめしません（この人には返信するけど、あの人には返信しないといった対応）。

視聴者によって差が出てしまう中途半端な対応は視聴者に不満がたまります。

コメントしないなら「しない」で統一しましょう。

もしコメント返信できなくなることに対して視聴者に申し訳ないな、と思うのであれば、「動画へのコメント返信停止します」などの動画をアップして、視聴者にコメントの返信をやめる理由などを説明した動画をアップしておくと親切です。

◉視聴者が喜ぶ「リクエスト動画」をアップしよう

視聴者からコメントをもらうことが多くなると、

「○○に関してはどう思いますか？　よかったら教えてください」

「わたしは今○○で悩んでいるんですが、どうしたらいいですか？」

などという相談のようなコメントをもらうことがあります。

そのため、その視聴者に回答をコメントをすると喜ばれるのですが、その相談を解決できるような動画をアップするとさらに喜ばれ、その視聴者は自分のチャンネルの濃いファンになってくれます。

これは手間に感じるかもしれませんが、実は配信者にとってはとてもありがたいことです。

YouTubeをやってみるとわかりますが、そのうちどんなことを動画配信したらいいか悩むようになります。

要するにネタ切れになるのです。

でも、視聴者の方から相談コメントやリクエストがいただけると、それをそのまま動画のお題にできます。

そういった視聴者のリクエストに応えるような動画を上げる際には、「視聴者さんからのリクエストで～」といったことをお伝えしておくと、相談をしていない人も「あ、この人、自分のリクエストに応えてくれるんだ。コメントしてみよう」と思ってもらえて、さらにコメントは増えます。

なので、これもしっかりと動画内で伝えるようにし、できる範囲でリクエストに応えていきましょう。

◉視聴者コメントから何を求められているのか捉えよう

再生数・登録者数が増えてくると視聴者のコメントから、自分は視聴者にどのように見られているのか、というのがだんだんわかるようになります。

例えばわたしの場合、自分の声やわかりやすい説明が自分の個性として良く見られていることに気がつきました。

正直、「声が落ち着いていていい」というコメントには驚きました。というか、むしろ運動系の講師としては遠くまで響くような声ではないので、マイナスに働くかなと思っていたのですが、実はそうではなかったようです。

このようにコメントでは、自分が長所ではないと思っていたところを良いと思われることがあります。


よく自分のチャンネルを他と差別化したい、というお悩みをお聞きすることがありますが、地道に更新を続けていき、コメントがつくようになれば、自分の長所や視聴者に求められていることは自ずとわかってきます。

なので、あまり焦らず動画を更新していくようにしてみてください。

●とっても簡単！ YouTube のアナリティクスで動画を分析しよう

YouTube の中には、Google のアナリティクス と同様に、YouTube 専用のアナリティクスがあります。
これを使うと自分のどの動画が観られているのか、どういった視聴者が観ているのか、といった情報を知ることができます。

アナリティクスはYouTube Studioの中で見ることができるので、再生数が伸びてきたり登録者数が伸びてきたら、少しずつチェックするようにしましょう。

他にもどんな年齢層の人が観ているのか、視聴維持率なども確認することが可能です。

アナリティクスでわかることはいろいろありますが、たくさんの動画を上げたらどんな動画が観られているか、というところに着目していきましょう。

どの動画に需要があるのか、ということがわかれば、それに派生した動画を作ろうといった考えに至ります。


例えばわたしの再生数が伸びている動画の中には、ピラティスの技の一つである、ロールアップのやり方を細かく解説した動画があります。

もしその動画が伸びているとしたら、「少し視点を変えて、そのロールアップの解説動画を再度アップしたら喜ばれるかもしれない」という発想ができます。

また他にも「ピラティスの技について細かく解説するような動画への需要があるかもしれない」と考えることもできます。

こうやってすでに伸びている動画に対して関連する動画を上げていくと、ブラウンジングや関連動画で表示される可能性が高くなります。

そのため、一つヒットした動画があれば、まずはそれに対してさらに踏み込んだ内容を撮影した動画をアップすることをおすすめします。

レベル5の内容は以上になります。

この段階になると視聴者とのコミュニケーションも増えてきてYouTube運営が楽しくなっているはずです。

テクニックも大事ですが、ぜひこの段階まできたら視聴者との交流を楽しみながら、自分自身がいちばん楽しんで動画を更新していきましょう。

Part 3

「自分にはできない!」の壁を乗り越える方法

Part 3-1

YouTubeの3つの心理的障壁とそれを乗り越える方法

具体的なやり方を知ってもYouTube運営に踏み出せない方は多いです。

それはいろいろな事情があったりするものですが、実際にはその人がそれをするスキルがないからではなく、YouTubeに対する心理的障壁があるからだと気がつきました。

そこで、ここでは代表的な3つの心理的障壁とそれを乗り越えるための考え方について述べていきます。

●「どうしても自信が持てない」

「YouTube用の動画を撮影してみた！　だけど、どうしてもアップすることができない」というのはよく聞かれる話です。

自分が撮影した動画がインターネット上に出て、自分との関係性が全くない人に観られたり、見慣れない動く自分の姿と声に自分自身が違和感を感じたりと、不安になる要素はたくさんあるからです。
また、せっかく勇気を出して「えいや！」とYouTubeに動画をアップしても、初回動画の再生回数は5回程度と少なく、さらにやる気は削がれていきます。

このように、どうしても動画をアップできなかったり、アップしても自信が持てず結局、YouTubeをやめてしまった、という方は、一緒にがんばる仲間を作るのが理想的です。

いきなりYouTube仲間を集めるのは難しいという方は、まずは褒めてもらえそうな友達や知り合いに動画を観せることをおすすめします。

ただ、人によっては仲間を募るのも、友達に観せるのも難しいという方がいらっしゃると思いますが、そんな方におすすめなのが「オンラインサロン」です。

起業家が集まるようなオンラインサロンに入り、積極的に参加するようにすれば、自分の動画に対する意見をもらえたりできるので、いっしょにYouTube運営をがんばる仲間は比較的早く見つかります。

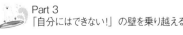

少し話が脱線してしまいますが、オンラインサロンとは、インターネット上のサークルみたいなものです。

わたしが参加していたオンラインサロンではこれから起業したい人、すでに起業してフリーランスとして活動している人、副業でがんばりたい人が多く、そこでわたしはYouTubeをがんばる仲間を見つけてモチベーションを保つことができました。

最初の頃のわたしの動画は完成度が低く、今観るとちょっと恥ずかしい動画です。でも、それでもそこでの仲間が「いい感じ！」とわたしのがんばりを褒めてくれ、それによって運営初期の辛い時期を乗り越えることができました。

なので、どうしても自信が持てない、という方は誰かといっしょにYouTube運営をがんばってみてください。誰かといっしょにやるとモチベーションも保ちやすくなります。

●「YouTubeらしい動画が撮れない」

YouTubeらしい動画が撮れない、という悩みから挫折する人は多いです。そ

の理由は、

・うまく話せない
・編集ができない
・自分の理想とする撮影環境が整えられない

など、様々な要因がありますが、特にうまく話せないというところでつまずく人が多いようです。

実際、動画撮影をやってみるとわかりますが、誰もいないカメラに向かって話すという行為は、慣れていないうちは感覚が非常につかみにくいものです。

これに対しての解決方法としては、どこかしら自分の理想とする「YouTubeらしい動画」があるはずなので、まずは自分が「こういう動画にしたいなぁ」と思えるチャンネル・動画を探してみましょう。

そして、全てをやろうとするのではなく、これなら取り入れられそうだ、というものを自分の中に積極的に取り入れるようにして、少しずつ改良するようにしてみてください。

いきなり全部やろうとせず、着実に1歩ずつ進むのです。そうやって最初は少しずつ改良しながら動画をアップしていきましょう。

最初のうちは慣れなくて恥ずかしい思いをするかもしれません。ですが、誰だって最初の動画というのは、過去を振り返ると恥ずかしい自分の姿に見えます。

これはどんな有名なYouTuberの方でも同様で、例えば今やとても有名なYouTuber「はじめしゃちょー」さんは、少し前に自分がYouTubeで最初に上げた動画を自分でバカにする動画をアップしていました。

実際にわたしも拝見しましたが、正直「え！」と思うクオリティでした。

つまり、最初は誰だってそうなのです。わたしもそうでした。ですが、そんな等身大の自分を見せたほうが好まれます。

嘘でしょう？　と思われるかもしれませんが、本当です。

なので、まずは理想とするチャンネルや動画を見つけて、1歩ずつ進んでいきましょう。

そんなあなたがいいと言ってくれる人は絶対にいます。

◉「重い腰が上がらない」

YouTubeをなかなか始められない人は、漠然と難しいと思っていたり、時間がないから、といった理由からなかなか取り組めずにいます。

そういった方は、まずはYouTubeでやること・全体像を把握しましょう。

なぜなら、何をやる必要があるのか、把握できていないために行動できないからです。なので、細かく何をやるかを把握すると動けるようになります。

具体的に何をやるか、それにかかる時間はどれくらいか。

参考程度にそれぞれに対してわたしがかかった時間を明記しておきます。

まず、これから取り組み始める段階の人が、最初のみ準備が必要となるのが、

・チャンネル開設（10分）
・自身のチャンネルの初期設定（30分）
・チャンネルの方向性の決定（2時間）

です。

そして、実際に1本の動画（10分未満）を作るときは、
・台本を作成（30〜60分）
・予行練習（20分）
・撮影準備をする（10分）
・撮影（30分）
・編集（カット・BGM・文字入れ）（1時間）
・サムネイルの作成（30〜60分）
・YouTubeに動画をアップする前の設定（15分）
・動画をアップ
といった手順を踏んでいます。

時間に関しては、動画によっても異なるので絶対この時間というわけではありませんが、大体の目安になるはずです。

そしてよく見てもらうと実は撮影自体にはあまり時間がかからず、台本作成や、

編集、サムネイル作成に時間がかかることがわかります（編集はテロップ、文字入れにほとんどの時間を使います）。

すると、「そこまで時間は確保できないから、編集なしでYouTube動画をアップしよう」とか「台本作成だけ先にやってしまおう」などと計画を立てやすくなります。

ぜひこれから取り組もうとしている人は、動画制作にかかる時間を踏まえて、自分のできるところから取り掛かってみてください。

Part 3-2

これからYouTubeをやる人に勘違いされがちなこと

◉ビジネス系のYouTubeは観られない

ビジネスYouTuberの方の中には、そもそもビジネスYouTuberの動画は需要がないと思っている人が多いです。これは半分正解で、半分間違っています。

ビジネスYouTubeという分野は今少しずつ伸びている分野で、正直エンターテイメント系と比べると再生数は伸びにくい状態にあります。

ですが、その中であっても伸びているビジネスYouTuberという方がいます。

そういった方はどうしているのかというと、相手の需要に合わせて動画を配信しているのです。

というか、ただそれだけに特化しているから伸びているというチャンネルも多いです。

つまり、見せ方次第なのです。

相手の需要というのを難しく考える必要はありません。

相手が何に関心ごとがあるのか、どういった切り口なら相手の理解が深まるのか、そういったことを考えればいいのです。

視聴者が求めている動画をアップすればビジネスYouTuberであっても動画の再生数は伸びていきますし、登録者数も伸びていきます。

◉スマホで高クオリティな撮影はできない

人によっては一眼カメラを使わなくては、専用のビデオカメラがなくては、と思う方がいますが、スマホでも高クオリティな撮影はできます。

もちろん一眼カメラのように奥行きが出るような撮影方法はスマホでは限界があります。

ですが、スマホ撮影であっても照明や、撮影環境に気を配ることで、高クオリティな撮影をすることは可能です。

実際にわたしは一眼カメラを持っていますが､今のところ一眼カメラを使わず、スマホ撮影でライトを取り入れて撮影をしています。

撮影においてのライティング技術に関してはここでは解説しませんが、初心者であれば手軽なリングライトなどを取り入れるだけで顔映りが良くなり、スマホ撮影でも印象はガラリと変わります。

どうしても素人っぽい写りが気になるという方は、ライトを取り入れることを検討してみてください。

◉凝った編集をしなければいけない

登録者数1万人程度であれば凝った編集をする必要はありません。

よく効果音をつけたり、セリフ全てテロップ（文字で表示させる）を入れたりする人がいますが、絶対に必要というわけではありません。

むしろ、それよりも視聴者に何が求められているのか、そして自分はどこまでYouTubeに対して時間をかけられるのか、という観点を持って取り組むことをおすすめします。

すると大体自分がどれぐらい編集に時間をかけられるかがわかってきます。

もちろん効果音をつけたり、セリフ全てにテロップを入れるというのは、視聴者にとって見やすいので喜ばれる可能性はあります。

ですが動画の手間がかかりすぎると、とにかく続けることが大変になります。

もちろんYouTube運営自体が楽しい！　時間も取れる！　という方ならいいのですが、最初のうちはどれだけ自分に時間があるのか逆算して考えることをおすすめします。

◉YouTuberのような面白い演出をしなければいけない

これもよく聞かれることですが、差別化するためにYouTuberのような演出をしなければと思っている人は多いです。ですが、差別化するために特段際立ったパフォーマンスは必要ありません。

むしろYouTuberらしい面白いパフォーマンスをすると、職業イメージを損ねてしまい「この人何をしたいんだろう（不信感）」という事態になりかねません。

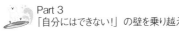

このとき大切にしてほしいのは、最初に決めたコンセプトの部分です。

自分が何を発信したいのか、どんな需要があるのか、そしてそれを求めている人は何に悩んでいて、どんな未来を求めているのか。

そういったことが明確な動画を配信すれば、自ずと差別化されて、「この人の動画なら観たい」と、選ばれる人になれます。

なので、再生数や登録者数が伸び悩んでいるからといって焦って面白い演出に走らないようにしましょう。

伸び悩んだとき、差別化したいと感じたときは、最初に決めた方向性を見直してみることをおすすめします。

YouTubeを始める上でのよくある質問

◉顔出ししなくてもいいですか？

顔出しはしてもしなくてもどちらでも構いません。

会社員の方であればどうしても顔出しはできないという場合もあると思いますので、そういった方は危険を犯してまで顔出しする必要はないでしょう。

顔出ししなくてもアイコン画像やイラスト等をうまく使えば、あなたという認識を持ってもらいやすくなります。

ですが、漠然と「顔出しは危険だからやめよう」と思っている場合は、一度自分が顔出しすることとしないこと、それぞれどんなメリット・デメリットがあるのか考えてみてください。

すると、顔出しすることを漠然と怖いと思っているだけで、実は顔出ししても問題なかった、むしろ顔出ししたほうが何かとメリットがあってやりやすいという可能性もあります。

それを踏まえて、ぜひ一度、自分は顔を出したほうがいいのか、出さないほうがいいのか考えてみてください。

◉本格的な機材や知識がなくても始められますか？

YouTubeをやろうとしている方の中には、本格的な撮影機材や編集ソフトが必要と思っている方も多いですが、本書でも解説した通り、専門的な機材や知識はそこまで必要とされません。

撮影自体もスマホでできますし、編集をせずに動画をアップして再生数を伸ばしている人だっています。編集もどこまでやるか決めておけば時間はかからないし、実はやってみるとそこまで難しいことではありません。

また、動画撮影の機材は上を見ればキリがないので、最初から高い機材を揃えるのはおすすめしません。

YouTuberの方が撮影のときに使っている一眼レフカメラは最低でも10万円は

します。本格的な集音マイクであれば3万円もします。

ですが、本書で紹介した機材やスマホで気軽に撮影が始められるので、まずはそこから始めてみてください。

実際、わたしは高い機材を使うことなく、2万人まで登録者数を伸ばすことができました。高い機材は絶対に必要なわけではないので安心してください。

◉最初の頃にアップした動画は恥ずかしいので削除してもいいですか？

チャンネル運営に慣れてくると、チャンネル運営を始めた当初の動画は不慣れで、説明がおぼつかなくて、動画自体を削除してしまいたい！　という衝動に駆られます。ですが、動画は削除しないことをおすすめします。

その動画がアクセスを集めてくれる動画であったり、その人自身を応援したくなる要素になっているかもしれないからです。

自分にとっては恥ずかしい過去かもしれませんが、そういう人間らしさが出たものが好まれます。

YouTube はテレビとは違い、配信者は完璧である必要はありません。

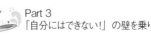

むしろ、がんばっている姿は応援したくなる要素になります。

◉とりあえず撮影さえすれば編集でどうにかなりますか?

とりあえず撮影すればあとは編集でどうにかなると思っている人が結構いますが、本書でもお伝えした通り、YouTubeで大切なのは台本+撮影の部分です

何を伝えるか、どうやって伝えるかということがとても大切で、どちらかというと編集はおまけでしかありません。

むしろ、適当な撮影をこなして編集でどうにかしようと思っているのであれば、YouTube動画はあまりおすすめできません。

◉YouTubeと相性のいいビジネスはどんな分野の人ですか?

再生数や登録者数を増やすといった観点での相性の良いビジネスは、一般の方も興味の抱きやすい分野を扱っているお仕事の人です。

一般的に悩みを持ちやすい分野、心理学やお金を扱うお仕事をしている人は、相性が良いと言えるでしょう。

例えば、心理学で言えば心理カウンセラーさん。取り扱うテーマは多岐にわたり、多くの人が関心を持つテーマを広く扱えます。

また、お金を扱う税理士さんも、扱うテーマが多岐にわたり、一般の人でも興味を抱きやすいテーマを扱えるので、再生数や登録者数は伸ばしやすいでしょう。

逆に言えば、これらのビジネスではなくても、多くの人が関心を持ちやすいことをテーマにすれば再生数や登録者数を伸ばすことは可能です。

例えば、自分の仕事に関係する時事ネタを扱ってみる、自分の仕事に関係する人気の商品を専門家目線でレビューしてみる、などは一番やりやすい方法です。

◉無理なく配信したいのですが、週に何回更新するのがいいですか？

動画を何度も配信できるなら、本来は毎日配信するのがベストです。

ですが、このベストというのはYouTubeの再生数や登録者数を伸ばす観点からお伝えしているベストであって、あなた自身のベストではありません。

週に何回更新するかは、自分がどれだけYouTube運営に時間をかけられるかで判断することをおすすめします。

自分は1日に何時間 YouTube に時間をかけられるのか、休日にしかできないのであれば、そのうちどれぐらいの時間を YouTube に費やせるのか、そういった観点で自分にとってのちょうど良い更新頻度をつかんでいきましょう。

そのためにも最初の頃は撮影や編集にそれぞれどれぐらい時間がかかったか、台本には意外と時間がかかったなど、大体の時間を把握しておき、そこから逆算してじゃあ自分はどれぐらいの頻度で更新しよう、と決めると無理なく YouTube 配信ができるはずです。

◉動画の再生数が伸び始めたら更新をやめてもいいですか？

動画の再生数が伸び始めたら更新をやめても良いと思う人がいらっしゃいますが、基本的にそのお仕事を続けているのであれば、更新をやめないことをおすすめします。

更新を続けていることで、その人が活動しているというアピールにもなりますし、定期的に更新しないとせっかく登録してくれた読者も、たくさんの情報にのまれてあなたのことを忘れてしまいます。

また、動画を更新することがチャンネルの評価にもつながります。もしどうしても更新をやめたくなったら、視聴者に少し更新頻度を下げると伝えておくと良いでしょう。

YouTube動画においては少なくても良いから動画を更新し続けることが大切です。

ちなみにわたしのピラティスちゃんねるの場合は、ピラティス講師としての活動を一切やめてしまったため、更新もやめています。

動画の更新をやめても登録者は伸びていますが、そのお仕事を続けているのであれば、短い動画でもいいので更新するようにしましょう。

◉動画の更新をやめたくなったときはどうやってモチベーションを保っていますか?

動画の更新をやめたくなったときは、一時的にお休みをとったり、切り口を変えて動画を配信するようにしましょう。

また、人はゴールを見失うとやる気を失います。

ゴールは最初に立てた方向性の中に答えがあるので、動画配信でつまずいたらそこに戻って、ターゲットにどんな未来を提供するのか改めて考えたり、見直すようにしましょう。

YouTube運営において大切なのは、とにかく改良しながら続けることです。なので、完璧を求めすぎてあまり自分を追い詰めないようにしましょう。困ったときは友達に意見を聞いてみたり、既存のお客様にどんなことを知りたいか聞いてみると、案外答えは自分の身近にあることがわかります。

最後にお知らせです。

①著者の新しいYouTubeチャンネル

現在YouTubeやブログなどの情報発信ノウハウを配信しております。

YouTubeで「いとうめぐみ」と検索していただくか、QRコードからご覧いただき、チャンネル登録お願いします。

②無料メール講座を配信中！

YouTube運営を加速させるための無料メール講座「これから1歩踏み出したいあなたへ—失敗しないYouTubeチャンネルの始め方」をご提供しております。左記よりご登録ください（※）。

https://warm-world.jp/p/r/TjangRWg

③ LINE @でセミナー動画を無料で配布中

LINE @でお友達追加していただいた方には、YouTube のセミナーでお話した内容を動画にてご提供しております（※）。本書の感想も LINE @にてお気軽にお送りいただけると嬉しいです。

https://lin.ee/3Zn32vLVD

①

②

③

（※特典内容は変更になることや予告なく終了することがあります。ご了承ください。

本特典の提供は著者いとうめぐみが実施します。販売書店、取扱図書館とは関係ございません。

お問い合わせは、info@ito-meg.com からお願い致します。

おわりに

最後までお読みいただきありがとうございました。

本書を読んでみて様々な疑問は解決されたでしょうか？

本書は冒頭でもお伝えした通り、「YouTubeをビジネス活用したいけれどその一歩が踏み出せない、そんな人が一歩でもいいから踏み出せる本にしよう」という想いのもとに書いた本です。

なので、既にYouTube運営を始めている方にとっては物足りない内容だったかもしれません。

ですが、いつでもたった1人の人に届けることを念頭に文章を届けることは、わたしにとっての信念であります。そのため、本書が誰かのYouTube運営の1歩を踏み出すきっかけになったなら、それは何よりも嬉しいです。

YouTubeでは容姿が良かったりトークが上手だったり、そういう選ばれた限られた人しか人気が出ない、観てもらえないと思われがちです。

ですが、あなたの動画を求めている人は必ずいます。

50代でも60代でも70代であっても、観たいと思ってくれる人はいますし、トーク下手でもあなたの雰囲気が好きだ！　と言ってくれる人はいるのです。

ですから、まずは1歩踏み出すことを恐れないでください。

そして、自分を表現することを恐れないでください。

YouTubeは始めるまでは怖いですが、やってみるとどうってことない世界だということがわかります。

時に運営を投げ出したくなることもありますが、それもOK。本当に辛くなったら一休みして、充電できたら再開して無理のないペースでやっていきましょう。

始めのうちはわからないかもしれませんが、YouTubeをやっていると今まで感じたことのなかった新しい世界が広がっていきます。

そして、自分がビジネスのために動画を配信しているつもりが、視聴者の方から、たくさんのものを受け取っていることに気がつくはずです。

だから恐れずYouTubeで自分を表現してたくさんの人とつながってください。

たくさんの視聴者のリクエストに応えて、意見を聞いてみてください。

きっと新たな発見があり、視聴の方との関わりが楽しくなってくるはずです。

いとう めぐみ

高校卒業後、19歳から独学で携帯アフィリエイトを始め、その収入で生計を立てる。その後オイシックス株式会社（現：オイシックス・ラ・大地株式会社）でサイト運営・企画・特集ページなどを担当。YouTubeチャンネル「ピラティスちゃんねる」を配信し、登録者数2万人に。そのノウハウを伝えるべくYouTubeセミナーを開催。現在はブログやYouTubeを中心に、基本を大切にした相手に伝わる情報発信方法を教えている。

公式サイト：https://ito-meg.com

フツーの人《ひと》がYouTube《ユーチューブ》登録者数《とうろくしゃすう》1万人《まんにん》を突破《とっぱ》する秘訣《ひけつ》

2020年6月22日　　初版発行

著　者　　いとう　めぐみ
発行者　　常　塚　嘉　明
発行所　　株式会社　ぱる出版

〒160-0011　東京都新宿区若葉1-9-16
03(3353)2835 — 代表　03(3353)2826 — FAX
03(3353)3679 — 編集
振替　東京 00100-3-131586
印刷・製本　中央精版印刷(株)

ISBN978-4-8272-1234-1 C0034